Arumugam Madeswaran
Sellappan Mohan

CHOLINESTERASE-HEMMENDE AKTIVITÄT BESTIMMTER PFLANZENEXTRAKTE

Arumugam Madeswaran
Sellappan Mohan

CHOLINESTERASE-HEMMENDE AKTIVITÄT BESTIMMTER PFLANZENEXTRAKTE

ScienciaScripts

Imprint

Cover image: www.ingimage.com

This book is a translation from the original published under ISBN 978-620-5-49466-0.

Publisher:
Sciencia Scripts
is a trademark of
Dodo Books Indian Ocean Ltd., member of the OmniScriptum S.R.L Publishing group
str. A.Russo 15, of. 61, Chisinau-2068, Republic of Moldova Europe
Printed at: see last page
ISBN: 978-620-5-16109-8

DANKSAGUNGEN

Ich möchte meine aufrichtige Dankbarkeit gegenüber meiner Direktorin ***Dr. S. Mohan, M. Pharm., Ph.D.,*** *Karpagam College of Pharmacy, Coimbatore für ihre bemerkenswerte Führung und ihre wertvollen Anregungen. Ich möchte ihm meine tiefe Dankbarkeit für all seine Ratschläge übermitteln, die er mir gegeben hat. Es besteht kein Zweifel daran, dass die Aufgabe ohne seine Bemühungen nicht zu bewältigen gewesen wäre.*

Es ist mir ein Vergnügen, meinen aufrichtigen Dank auszudrücken an ***Dr. T. K. Ravi M. Pharm., Ph.D., FAGE.,*** *Direktor, College of Pharmacy, SRIPMS, Coimbatore für die Möglichkeit, diese Projektarbeit durchzuführen und für die Bereitstellung aller notwendigen Einrichtungen dafür.*

Ich möchte meine aufrichtige Dankbarkeit gegenüber ***Dr. K. Asok Kumar zum*** *Ausdruck bringen,* ***M. Pharm., Ph.D., Professor & Abteilungsleiter, Abteilung für Pharmakologie, College of Pharmacy, SRIPMS*** *für seine freundliche Beratung und wertvollen Vorschläge.*

Ich möchte meine aufrichtige Dankbarkeit gegenüber ***Dr. C. Senthil Kumar zum*** *Ausdruck bringen,* ***M. Pharm., Ph.D., Professor & Leiter*** **der** ***Abteilung für Pharmakologie, Karpagam College of Pharmacy, Coimbatore*** *für seine Unterstützung bei der Erstellung meiner Dissertation.*

Mein herzlicher Dank gilt meiner lieben Lehrerin ***Dr. Umamaheshwari M, M. Pharm., Ph.D.,*** *Abteilung für Pharmakologie, für ihre rechtzeitige Hilfe und Anleitung während des Verlaufs der Arbeit.*

Ich bedanke mich für die euphorische Begleitung durch meine lieben Lehrkräfte und Mitarbeiter für ihre Unterstützung, Zusammenarbeit und ihre ständige Inspiration während meiner Arbeit.

Ich möchte meine ganze Ehrerbietung und meine Gefühle meinen geliebten Eltern, Herrn M. Arumugam und Frau A. Chandra, entgegenbringen, ohne deren Segen diese Aufgabe nicht zu bewältigen gewesen wäre. Ich möchte auch meiner geliebten Frau S. Pradeepa und meinen Kindern M. Revanth und M. Reshika für ihre Unterstützung und Liebe danken.

Dr. A. Madeswaran

INHALT

EINFÜHRUNG

Neuropharmakologie

Die Neuropharmakologie ist der Zweig der Pharmakologie, der viele Aspekte des Nervensystems umfasst, von der Manipulation einzelner Neuronen bis zu ganzen Bereichen des Gehirns, des Rückenmarks und der peripheren Nerven. Sie befasst sich mit der Untersuchung der Auswirkungen von Medikamenten auf die zelluläre Funktion des Nervensystems[1] . Dadurch wird deutlich, wie die neuronale Funktion den Denkprozess beeinflusst.

Zweige der Neuropharmakologie

Molekulare Neuropharmakologie und Verhaltensneuropharmakologie sind die wichtigsten Arten der Neuropharmakologie. Sie befassen sich mit den Wechselwirkungen von Neurotransmittern, Neuropeptiden, Neurohormonen, Neuromodulatoren, Enzymen, Second Messengers, Co-Transportern, Ionenkanälen und Rezeptorproteinen im zentralen und peripheren Nervensystem[2] . Die molekulare Neuropharmakologie befasst sich hauptsächlich mit der Untersuchung von Neuronen und neurochemischen Interaktionen. In der Verhaltensneuropharmakologie wird hingegen untersucht, wie sich Drogen auf die menschliche Natur auswirken, einschließlich Abhängigkeit und Sucht.

Grundlagen der Neuropharmakologie

Neurologische Erkrankungen betreffen eine große Anzahl von Menschen auf der ganzen Welt. Der pathophysiologische Mechanismus zahlreicher Erkrankungen ist noch nicht geklärt. Denn viele ZNS-Erkrankungen haben einen genetischen Hintergrund. Die Identifizierung von Mutationen bei diesen Krankheiten trägt zum Verständnis der Pathophysiologie bei[3] .

NEURODEGENERATIVE KRANKHEITEN

Neurodegenerative Erkrankungen stellen eine große Bedrohung für die menschliche Gesundheit dar. Diese altersabhängigen Erkrankungen sind weit verbreitet, da die Zahl der älteren Menschen in den letzten Jahren zugenommen hat. Diese Krankheiten sind in ihrer Pathophysiologie vielfältig und verursachen Gedächtnis- und kognitive Beeinträchtigungen sowie andere, die die Fähigkeit einer Person, sich zu bewegen, zu sprechen und zu atmen, beeinträchtigen[4] . Das Wort "neurodegenerativ" kann aufgeteilt werden in "*neuro*", was Gehirn bedeutet, und "*degenerativ*", was zusammenbrechen oder absterben bedeutet.

Neurodegenerative Erkrankungen beziehen sich auf den fortschreitenden Verlust der Struktur oder Funktion von Nervenzellen und können zu verheerenden neurologischen Erkrankungen wie Alzheimer, Parkinson, Chorea Huntington und Amyotrophe Lateralsklerose führen. Sie hat einen multifaktoriellen Ursprung, wobei man davon ausgeht, dass Alterung, genetische und Umweltfaktoren eine wichtige Rolle spielen[5] . Oxidativer Stress, mitochondriale Dysfunktion und Gliose spielen eine entscheidende Rolle im Prozess der Neurodegeneration (Abb. 1)[6] .

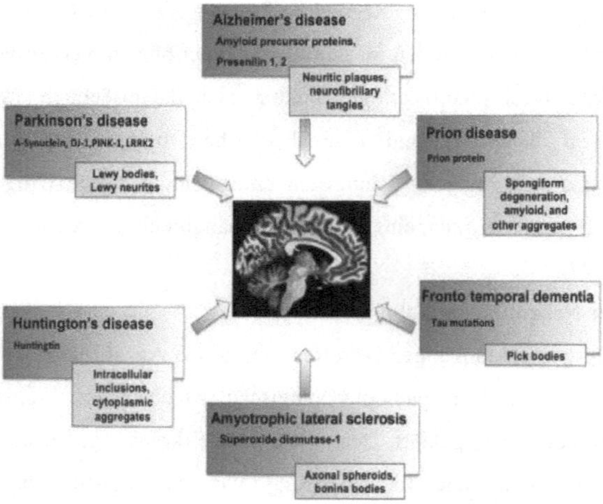

Abb. 1: Die wichtigsten neurodegenerativen Erkrankungen und ihre Ursachen

Der Ersatz abgestorbener Neuronen kann mit Hilfe von Stammzellen erfolgen, die die neueste Methode in der Forschung sind. Stammzellen sind unreife Zellen, die zu jeder Art von Zelle im Körper werden können, weshalb sie als Ersatz für abgestorbene Neuronen im Gehirn dienen können[7] . Jeder Mensch hat eine kleine Anzahl von Stammzellen in seinem Körper, aber diese Zellen sind nicht immer in der Lage, kürzlich abgestorbene Zellen zu ersetzen. Diese Idee wurde sogar schon an Labortieren wie Mäusen ausprobiert, und sie funktionierte[8] [9] . Es handelt sich jedoch um eine chirurgische Methode, die noch erforscht wird.

Alzheimer-Krankheit

Es handelt sich um eine neurodegenerative Störung. Die Symptome dieser Krankheit sind Schädigungen des Gehirns, die zu Gedächtnisverlust, Schwierigkeiten beim Erinnern von Informationen und beim Lernen führen. Die Symptome sind je nach Person und betroffenem Hirnareal unterschiedlich. Es gibt keine spezifische Ursache für Alzheimer, aber Forscher sagen, dass umweltbedingte und genetische Faktoren abnormale Prozesse im Gehirn auslösen können, die zur Alzheimer-Krankheit führen[10] .

Die Alzheimer-Krankheit (Alzheimer's Disease, AD) wurde als eine Krankheit der Proteinfehlfaltung (Proteopathie) identifiziert, die durch die Anhäufung von abnormal gefalteten Alpha-Beta- und Tau-Proteinen im Gehirn verursacht wird. Die Plaques bestehen aus kleinen Peptiden mit einer Länge von 39-43 Aminosäuren, die Beta-Amyloid genannt werden. Beta-Amyloid ist ein Fragment eines größeren Proteins, des Amyloid-Vorläuferproteins (APP), eines Transmembranproteins, das die Neuronenmembran durchdringt. APP ist entscheidend für das Wachstum, das Überleben und die Reparatur von Neuronen nach einer Verletzung. Ein Kennzeichen der Alzheimer-Krankheit ist die Anhäufung von Amyloid-Beta-Peptid in Form von Plaques im Gehirn. Die Rolle dieser Plaques in der Pathophysiologie der Krankheit ist unklar, aber einige Behandlungen, die die Plaquebildung unterbrechen, sind wirksam[11] .

Sekretasehemmer können die Plaquebildung unterbrechen, haben jedoch toxische Nebenwirkungen, die durch intermittierende Therapieschemata gemildert werden. Es besteht jedoch die Sorge, dass sich AD schnell akkumulieren könnte, wenn der Hemmstoff abgesetzt wird. Bei AD wird APP durch einen unbekannten Prozess von Enzymen durch Proteolyse in kleinere Fragmente zerlegt. Aus einem dieser Fragmente entstehen Beta-Amyloid-Fibrillen, die Klumpen bilden, die sich außerhalb der Neuronen in dichten Formationen, den so genannten senilen

Plaques, ablagern. Die Krankheit ist durch den Verlust von Neuronen und Synapsen in der Großhirnrinde und bestimmten subkortikalen Regionen gekennzeichnet. Dieser Verlust führt zu einer groben Atrophie der betroffenen Regionen, einschließlich der Degeneration der Schläfen- und Scheitellappen sowie von Teilen der Stirnrinde und des Gyrus cinguli (Abb. 2)[12] .

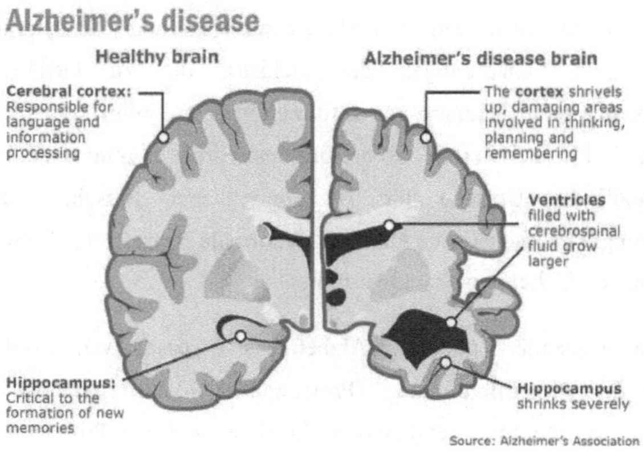

Abb. 2: Querschnitt durch das Gehirn, der die Auswirkungen der Alzheimer-Krankheit in der Hirnrinde, den Ventrikeln und dem Hippocampus zeigt

Parkinsonsche Krankheit

Die Parkinson-Krankheit (PD) ist eine Störung des Nervensystems, die die Bewegungsfähigkeit und das Denkvermögen beeinträchtigt. Sie entwickelt sich allmählich, mit Zittern des Daumens, des Kinns oder der Lippen, Momenten beim Schlafen, Schwindelgefühlen und niedrigem Blutdruck. Mit Medikamenten gegen die Parkinson-Krankheit lässt sich die Krankheit 4-5 Jahre lang gut kontrollieren. Physiotherapie ist ebenfalls eine gute Behandlung, um Ihre Muskelkraft zu verbessern. Der Mechanismus, durch den die Gehirnzellen bei Morbus Parkinson verloren gehen, besteht möglicherweise in einer abnormalen Anhäufung des an Ubiquitin gebundenen Proteins Alpha-Synuclein in den geschädigten Zellen. Der Alpha-Synuclein-Ubiquitin-Komplex kann nicht zum Proteosom geleitet werden. Diese Proteinanhäufung bildet proteinhaltige zytoplasmatische Einschlüsse, die Lewy-Körperchen.

Huntingtonsche Krankheit

Die Huntington-Krankheit ist ein vererbbarer Defekt in einem einzigen Gen. Er verursacht die Degeneration von Nervenzellen im Gehirn. Dies führt zu funktionellen Behinderungen und psychiatrischen Störungen. Die Huntington-Krankheit beeinträchtigt auch die Muskelkoordination. Das Gen, das die Huntington-Krankheit verursacht, ist das HIT-Gen. Die Symptome der Krankheit können von Person zu Person und von betroffenen Mitgliedern derselben Familie variieren, schreiten aber in der Regel vorhersehbar voran[11].

Amyotrophe Lateralsklerose

Die amyotrophe Lateralsklerose, auch bekannt als Motoneuronenkrankheit, ist eine spezifische Krankheit, die zum Absterben der Neuronen führt, die die willkürlichen Muskeln steuern. Die Krankheit ist progressiv. ALS ist gekennzeichnet durch steife Muskeln, Muskelzuckungen und eine sich allmählich verschlimmernde Schwäche, da die Muskeln an Größe verlieren. Dies führt zu Schwierigkeiten beim Sprechen, Schlucken und schließlich beim Atmen. Derzeit gibt es keine Heilung für ALS und keine wirksame Behandlung, die das Fortschreiten der Krankheit aufhalten oder umkehren könnte[11].

Spinozerebelläre Degeneration

Die spinozerebelläre Ataxie (SCA), auch bekannt als spinozerebelläre Atrophie oder spinozerebelläre Degeneration, ist eine fortschreitende, degenerative, genetisch bedingte Krankheit, die es in verschiedenen Formen gibt. SCA kann jeden Menschen in jedem Alter treffen. Die Anzeichen und Symptome können je nach Typ variieren, sind aber ähnlich und können einen unkoordinierten Gang, eine schlechte Handkoordination, abnormes Sprechen, unwillkürliche Augenbewegungen, Sehstörungen, Schwierigkeiten beim Verarbeiten, Lernen und Erinnern von Informationen umfassen. Im Allgemeinen behält eine Person mit Ataxie ihre volle geistige Leistungsfähigkeit, verliert aber nach und nach die körperliche Kontrolle. Es gibt keine bekannte Heilung für SCA[11].

Risikofaktor für neurodegenerative Erkrankungen

Der größte Risikofaktor für neurodegenerative Erkrankungen ist die

Alterung. Sowohl mitochondriale DNA-Mutationen als auch oxidativer Stress tragen zur Alterung bei. Ein konstanter Faktor ist, dass bei jeder Krankheit die Neuronen mit fortschreitendem Alter allmählich ihre Funktion verlieren. Es wurde vorgeschlagen, dass die Anhäufung von DNA-Schäden die zugrundeliegende ursächliche Verbindung zwischen Alterung und neurodegenerativen Erkrankungen darstellt[12] .

Das Leben im einundzwanzigsten Jahrhundert ist stressig, die meisten Menschen haben Mühe, Schritt zu halten, und leiden infolgedessen unter Müdigkeit, Angst, Stress, Depressionen und Schlafproblemen. Manche Menschen geraten in psychische Probleme - von der Aufmerksamkeitsstörung bis hin zu Alzheimer und anderen Demenzkrankheiten. Tatsächlich nimmt die Zahl der psychischen Probleme in der Welt massiv zu. Daher ist der Schutz unseres Gehirns definitiv zu einer Priorität geworden[13] .

Mechanismen der Neurodegeneration

Genetik

Viele neurodegenerative Erkrankungen werden durch genetische Mutationen verursacht, von denen die meisten in völlig unverwandten Genen zu finden sind. Bei vielen der verschiedenen Krankheiten hat das mutierte Gen ein gemeinsames Merkmal: eine Wiederholung des Nukleotidtripletts CAG. CAG kodiert für die Aminosäure Glutamin. Eine Wiederholung von CAG führt zu einem Polyglutamin-Trakt (polyQ). Krankheiten, die mit solchen Mutationen einhergehen, werden als Trinukleotidwiederholungsstörungen[14] bezeichnet.

Polyglutamin-Wiederholungen verursachen in der Regel eine dominante Pathogenese. Zusätzliche Glutaminreste können auf verschiedene Weise toxische Eigenschaften erlangen, z. B. durch unregelmäßige Proteinfaltung und -abbau, veränderte subzelluläre Lokalisierung und anormale Wechselwirkungen mit anderen zellulären Proteinen[15] . Umfangreiche Forschungsarbeiten wurden an den Modellen von Fadenwürmern (*C. elegans*), Fruchtfliegen (*Drosophila*),

Mäusen und nichtmenschlichen Primaten durchgeführt. Nur wenige neurodegenerative Krankheiten werden durch die Erweiterung des CAG-Trinukleotid- und PolyQ-Trakts verursacht, darunter die Huntington-Krankheit und die spinozerebellären Ataxien[16] .

Proteinfehlfaltung

Mehrere neurodegenerative Erkrankungen werden als Proteopathien eingestuft, da sie mit der Aggregation fehlgefalteter Proteine einhergehen[17] .

Alpha-Synuclein:

Es kann sich zu Lewy-Körpern zusammenlagern, wie bei der Parkinson-Krankheit, der Demenz mit Lewy-Körpern und der Atrophie des multiplen Systems. Alpha-Synuclein ist die primäre Strukturkomponente der Lewy-Körper-Fibrillen. Darüber hinaus findet sich ein Alpha-Synuclein-Fragment, die so genannte Nicht-Alpha-Beta-Komponente (NAC), in den Amyloid-Plaques der Alzheimer-Krankheit.

Tau:

Das hyperphosphorylierte Tau-Protein ist der Hauptbestandteil der neurofibrillären Knäuel bei der Alzheimer-Krankheit.

Beta-Amyloid:

Der Hauptbestandteil der senilen Plaques bei der Alzheimer-Krankheit.

Intrazelluläre Mechanismen

Die Parkinson-Krankheit und die Huntington-Krankheit treten beide erst spät auf und sind mit der Anhäufung von intrazellulären toxischen Proteinen verbunden (Abb. 3). Krankheiten, die durch die Aggregation von Proteinen verursacht werden, sind als Proteinopathien bekannt und werden in erster Linie durch Aggregate im Zytosol (Parkinson & Huntington), im Zellkern, im endoplasmatischen Retikulum, durch extrazellulär ausgeschiedene Proteine und durch Amyloid-β bei der Alzheimer-Krankheit[18] [19] verursacht.

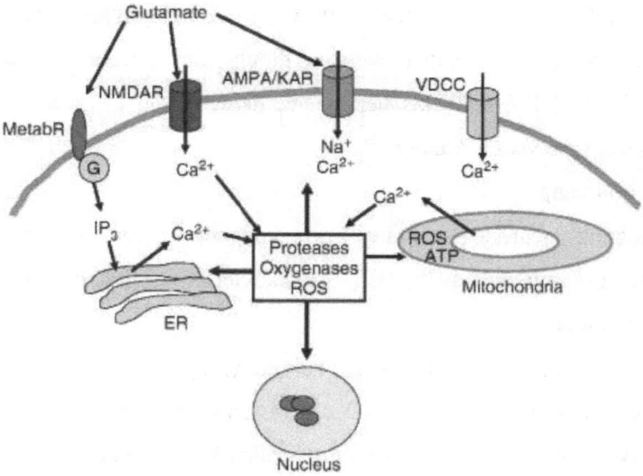

Abbildung 3: Wirkungsmechanismen der Exzitotoxizität

Epidemiologie der Alzheimer-Krankheit

Die Alzheimer-Krankheit ist die häufigste Ursache für Demenz und zeichnet sich durch einen fortschreitenden Rückgang der kognitiven Funktionen aus, der mit einer Verschlechterung des Gedächtnisses beginnt. Die Alzheimer-Krankheit ist die häufigste Art von Demenz, die heute diagnostiziert wird, und macht 60-70 % der geschätzten 50 Millionen Menschen aus, die weltweit an Demenz leiden. Es handelt sich um eine degenerative Erkrankung des Gehirns, die 20 Jahre oder mehr vor dem Auftreten von Symptomen bei den Betroffenen beginnt. Die Neuronen im Gehirn werden durch die Anhäufung des Proteinfragments Beta-Amyloid außerhalb der Neuronen, die so genannten Beta-Amyloid-Plaques, sowie durch die Anhäufung einer abnormen Form des Proteins Tau innerhalb der Neuronen beschädigt oder zerstört. Als Folge dieser Anhäufung aktiviert der Körper Zellen des Immunsystems, die so genannten Mikroglia, die versuchen, die toxischen Proteine zu beseitigen, was zu einer chronischen Entzündung führt, wenn die Mikroglia mit der Menge der produzierten Toxine nicht mehr Schritt halten kann[20] .

A. Hypothese der Plaques

In ihren Alzheimer-Gehirnen finden sich zwei abnorme Strukturen: Amyloid-Plaques und neurofibrilläre Tangles. Diese treten besonders häufig in

Regionen des Gehirns auf, die für die Bildung des Gedächtnisses sehr wichtig sind. Plaques bestehen aus dichten, unlöslichen Ablagerungen von Proteinen und zellulärem Material, die sich um und außerhalb von Neuronen bilden. Tangles sind verdrehte, unlösliche Fasern, die sich innerhalb von Nervenzellen bilden. Während solche Strukturen in begrenzter Zahl im Gehirn vieler gesunder älterer Menschen zu finden sind, sind sie bei Menschen, die Symptome der Alzheimer-Krankheit aufweisen, in viel größerem Maße vorhanden[21] .

B. Hypothese des Beta-Amyloids

Im normalen Gehirn wird das Amyloid-Vorläuferprotein in drei kleinere Proteinfragmente aufgespalten, die als Alpha-Amyloid, Beta-Amyloid und Gamma-Amyloid bekannt sind. Dieser Überschuss an Beta-Amyloid-Protein übersteigt die Fähigkeit des Gehirns, es zu entfernen, so dass es sich in Form von unlöslichen gummiartigen Plaques ansammelt, die auch andere Moleküle, Neuronen und Nicht-Nervenzellen enthalten können. Je schwerer die Symptome von Alzheimer sind, desto mehr Plaques werden bei der Autopsie im Gehirn des Patienten gefunden. Solche Beta-Amyloid-Plaques lösen auch eine Entzündungsreaktion aus. Dieser plaquebedingte Entzündungsprozess zerstört bei Alzheimer-Patienten eine große Anzahl von Gehirnzellen, und seine Auswirkungen sind in gefärbten Hirnschnitten sichtbar[22] .

C. Bildung von Knäueln

Tau ist ein wichtiges Protein, das normalerweise an Tubulin bindet, das zur Bildung von Strukturen verwendet wird, die als Mikrotubuli bekannt sind. Diese Mikrotubuli sind von großer biologischer Bedeutung, da sie wie die Pfeiler und Träger eines Gebäudes wirken und den Zellen Form und Struktur verleihen. Bei Patienten mit Alzheimer-Krankheit wird Tau chemisch abnormal und beginnt, sich mit anderen Tau-Fäden zu verbinden und zu verheddern. Wenn dies geschieht, lösen sich die Mikrotubuli der Neuronen auf. Je schlimmer die Symptome bei Alzheimer-Patienten sind, desto häufiger werden bei der Autopsie des Gehirns Verknotungen festgestellt. Die Kommunikation und die Versorgung der Zellen sind beeinträchtigt und gehen auf Null zurück. Das Neuron kann nicht mehr aufrechterhalten werden und beginnt zu schaden. Die Zellmembranen kollabieren und jeder Teil des Neurons löst sich auf, wobei jeder Teil ein Erinnerungsfragment darstellt[22] .

Neurobiologie der Alzheimer-Krankheit

Jedes Jahr werden etwa 7,7 Millionen neue Fälle von Demenz gemeldet. Pathologisch ist die Alzheimer-Krankheit durch den Verlust cholinerger Neuronen, die extrazelluläre Ablagerung von β-Amyloid-Protein aufgrund einer abnormalen Verarbeitung von APP, die intrazelluläre Bildung von neurofibrillären Tangles aus hyperphosphoryliertem Tau-Protein, Gliose und den Verlust von Neuronen gekennzeichnet. Darüber hinaus ist gut dokumentiert, dass extrazelluläre Ablagerungen von β-Amyloid-Protein und die intrazelluläre Bildung von Tau-Tangles eine wichtige Rolle bei oxidativem Stress, Exzitotoxizität, Neuroinflammation und Neurotransmitterdefiziten spielen, wie in[23] (Abb. 4) gezeigt.

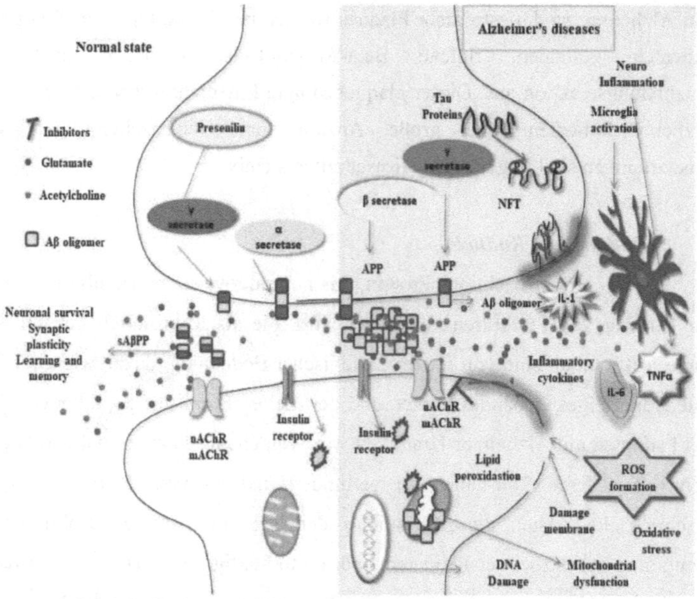

Abb. 4: Neurobiologie der Alzheimer-Krankheit, die den Zustand der Synapsen im normalen und im kranken Zustand zeigt

Pathophysiologie der Alzheimer-Krankheit:

Neuronaler Verlust und Pathologie sind insbesondere im Hippocampus, in der Amygdala, im entorhinalen Kortex und in den kortikalen Assoziationsgebieten des frontalen, temporalen und parietalen Kortex zu beobachten, aber auch in subkortikalen Kernen wie der serotonergen dorsalen Raphe, dem noradrenergen Locus coeruleus und dem cholinergen Basalkern. Das Ausmaß und die Platzierung der Knäuelbildung korreliert gut mit dem Schweregrad der Demenz, und zwar viel stärker als die Anzahl der Amyloid-Plaques[24] .

Zu den charakteristischen pathologischen Merkmalen der Alzheimer-Krankheit gehören der Verlust der cholinergen Funktion infolge einer Abnahme des synaptischen Acetylcholinspiegels, die Zunahme der stressbedingten Oxidation, die β-Amyloid-Kaskade, die Anhäufung amyloider zerebraler Plaques aus anormalen Proteinen, die sich außerhalb der Neuronen ablagern, und neurofibrilläre Tangles aus anormal unlöslichen Tau-Filamenten des Proteins[25,26]
.

a. ***Hyperphosphoryliertes Tau-Protein und Amyloid-β-Hypothese***

Eines der wichtigsten pathologischen Merkmale der Alzheimer-Krankheit ist die Bildung von senilen Plaques, die durch die Ablagerung von Amyloid-Beta verursacht werden. Normalerweise sind Aβ lösliche kleine Peptide, die durch die Spaltung des Vorläuferproteins von Amyloid durch die Wirkung von α-Sekretase, β-Sekretase und γ-Sekretase entstehen. Das Ungleichgewicht zwischen der Amyloid-Beta-Produktion und der Clearance führt zu verschiedenen Arten von toxischen Oligomeren, nämlich Protofibrillen, Fibrillen und Plaques, je nach Ausmaß der Oligomerisierung. Der Grund für die Bildung von Aβ ist noch unklar, aber die Sequenz, die Konzentration und die Stabilitätsbedingungen von Amyloid beta sind wichtige Faktoren (Abb. 5). Die Pathophysiologie der Alzheimer-Krankheit wird einer Reihe von Faktoren zugeschrieben, wie der cholinergen Dysfunktion, der Amyloid/Tau-Toxizität und dem oxidativen Stress/mitochondrialen Dysfunktionen[27] .

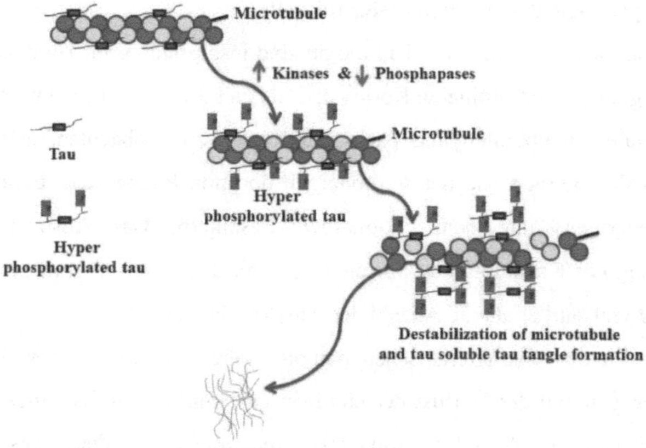

Abb. 5: Prozess der Bildung von Tau-Tangles während des Fortschreitens der Alzheimer-Krankheit

b. ***Hypothese des oxidativen Stresses***

Reaktive Sauerstoffspezies (ROS) und reaktive Stickstoffspezies werden bei vielen normalen und anormalen Prozessen im Menschen gebildet. Sie spielen eine doppelte Rolle, da sie sowohl nützliche Funktionen in zellulären Signalwegen als auch giftige Prozesse haben, die zu einer Schädigung zellulärer Strukturen (einschließlich Zellmembran, Lipid, Protein und DNA) führen können. Der hohe Sauerstoffverbrauch des Gehirns, das 20 % mehr Sauerstoff verbraucht als andere Gewebe mit mitochondrialer Atmung, bedeutet, dass das Gehirn anfälliger für oxidativen Stress ist. Das Neuron ist die grundlegende Funktionseinheit des Gehirns, die eine große Anzahl mehrfach ungesättigter Fettsäuren enthält. Sie können mit ROS interagieren, was zu einer Lipidperoxidationsreaktion und molekularer Apoptose führt. Darüber hinaus ist ein Mangel an Glutathion in Neuronen auch eine der Ursachen für oxidativen Stress[28] . ROS wie Wasserstoffperoxid (H_2 O_2), Stickstoffmonoxid, Superoxidanionen und die hochreaktiven Hydroxyl- und Monoxidradikale (OH^- , NO^-) gehören zu den freien Radikalen, die ein hohes Risiko für den Verlust oder die Schädigung von Neuronen darstellen (Abb. 6)[29,30] .

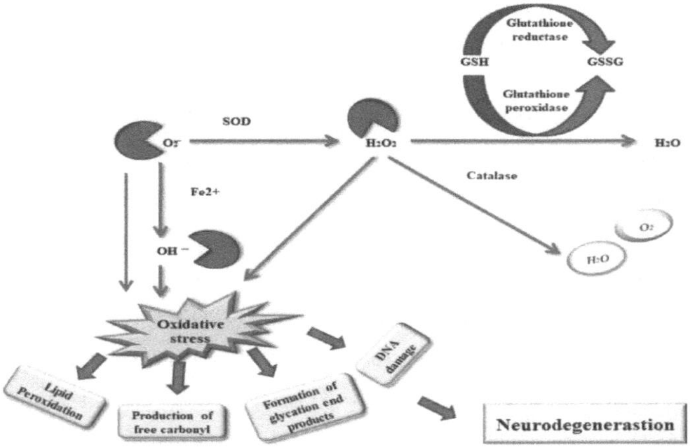

Abb. 6: Oxidativer Stress und mitochondriale Dysfunktion beim Fortschreiten der Alzheimer-Krankheit

AD-Gehirne zeigen Anzeichen für ROS-vermittelte Schädigungen; im Vergleich zu Kontrollpersonen sind die Werte von Malondyaldehyd und 4-Hydroxynonenal im Gehirn und in der Zerebrospinalflüssigkeit von AD-Patienten erhöht. Protein-Carbonyl-Anteile sind im Frontal- und Parietalkortex und im Hippocampus des AD-Gehirns erhöht, während das Kleinhirn, wo keine AD-Pathologie auftritt, verschont bleibt. Auch hydroxyliertes Guanin ist in AD-Proben im Vergleich zu altersgleichen Kontrollen erhöht[31] .

c. ***Metallionen-Hypothese***

Die Dyshomöostase von Metallen ist am Fortschreiten und an der Pathogenese von Krankheiten, einschließlich neurodegenerativer Erkrankungen und Krebs, beteiligt. Ionosphären und Metallchelatoren sind bekannte Modulatoren der Homöostase von Übergangsmetallen, und eine Reihe dieser Moleküle wird in klinischen Versuchen eingesetzt. Metallbindende Verbindungen sind nicht die einzigen Arzneimittel, die auf die Homöostase von Übergangsmetallen einwirken können. Aktuelle Erkenntnisse deuten auf Veränderungen im Gleichgewicht der Redox-Übergangsmetalle hin, hauptsächlich Kupfer, Eisen und andere Spurenmetalle. Deren Spiegel im Gehirn sind bei Alzheimer erhöht. Bei anderen neurodegenerativen Erkrankungen sind Kupfer, Mangan, Aluminium und Zink beteiligt[32] .

d. ***Cholinerge Hypothese***

Die Auswirkungen des Apo-Lipo-Protein E (APOE)-Genotyps auf die nützliche Wirkung von Acetylcholinesterase-Hemmern (AChEI) bei Patienten mit Alzheimer-Krankheit. AChEI-Medikamente sind das Herzstück der Behandlung von Alzheimer, und der APOE-Genotyp ist der wichtigste Faktor, der mit Alzheimer in Verbindung gebracht wird. Das Fehlen eines großen Einflusses von APOE wird im Hinblick auf die cholinerge Hypothese der Alzheimer-Krankheit aus dem Jahr 1976 analysiert, da erkannt wurde, dass cholinerge Neuronen nicht das Hauptziel von Alzheimer sind[32] .

Biomarker für die Alzheimer-Krankheit

Biomarker können auch bei der Entwicklung von Arzneimitteln für die Alzheimer-Krankheit von großem Wert sein, um die optimalsten Arzneimittelkandidaten für große und teure klinische Studien der Phase 3 auszuwählen. Biomarker werden auch wichtig sein, um den Nachweis zu erbringen, dass ein Medikament die zugrunde liegende Pathophysiologie der Krankheit beeinflusst, was zusammen mit einer positiven Wirkung auf den klinischen Verlauf eine wesentliche Voraussetzung für die Kennzeichnung des Medikaments als krankheitsverändernde Wirkung ist[33] .

- ***Galanthamin***

In den letzten Jahren hat sich die Isolierung von Galanthamin aus zahlreichen Mitgliedern der Amaryllidaceae (*Leucojum spp., Narcissus-Arten, Galanthus spp.) als* eine wesentliche therapeutische Option erwiesen, um den Prozess der Degeneration der Neuronen bei der Alzheimer-Krankheit zu verzögern. Galanthamin ist bei Langzeitbehandlung gut verträglich. Galanthamin ist in Österreich unter dem Namen Nivalin bereits für die Alzheimer-Krankheit zugelassen und wird dort und in Deutschland auch für andere Indikationen wie die Gesichtsneuralgie[33] vermarktet.

- ***Cannbinoide***

Das Cannabinoid-System ist zu einem potenziellen therapeutischen Ansatz für die Behandlung von Alzheimer geworden. Das Cannabinoid-System besteht aus einer Reihe von Cannabinoid-Rezeptoren (CB), einschließlich der gut charakterisierten CB1- und CB2-Rezeptoren. Die Ergebnisse deuten darauf hin, dass die Aktivierung der CB1- und CB2-Rezeptoren durch natürliche oder synthetische Agonisten in nicht psychoaktiven Dosen positive Auswirkungen auf experimentelle Alzheimer-Modelle hat, indem sie die schädliche Wirkung von Beta-Amyloid-Peptid und die Tau-Phosphorylierung verringert und die hirneigenen Reparaturmechanismen fördert[33] .

- ***Antikörper***

Intravenöses Immunglobulin oder gereinigte Aβ-Antikörper können als mögliche Behandlung vorgeschlagen werden, da sie den Aβ- und Aβ1-Spiegel verändern, was auf einen potenziellen Nutzen als Therapie der Alzheimer-Krankheit hindeutet[33] .

- ***Zielgerichteter Ligand für mehrere Ziele***

Multi-Target-Directed Ligand (MTDL) ist eine vielversprechende Methode, um bei der multifaktoriellen Ätiologie der Krankheit nach neuen Medikamenten gegen Alzheimer zu suchen. Die meisten der neuartigen Moleküle haben heterodimere Strukturen und sind in der Lage, in Kombination mit Pharmakophoren mit mehreren Zielstrukturen zu interagieren. Sie können natürlichen Ursprungs sein oder aus bereits existierenden Medikamenten stammen (Tacrin, Donepezil, Galantamin, Memantin). Einige der hier beschriebenen Medikamente scheinen vielversprechend zu sein, während andere als hilfreiche Inspiration für die Suche nach neuen und wirksamen Therapien für Alzheimer dienen können[34] .

- ***Metallkomplexe***

Lumineszierende Ruthenium- und Iridium-Metallkomplexe mit langer Fluoreszenzlebensdauer, die bei der Bindung an Alpha-Beta-Fibrillen signifikante Änderungen ihrer elektronischen Spektren erfahren, haben das Potenzial, als nützliche Sonden einen besseren Einblick in die molekularen Aspekte der Amyloidbildung und -aggregation zu geben. Komplexe mit den kinetisch inerten Ionen interagieren mit alpha-beta-Peptiden unterschiedlicher Länge und bilden Addukte, die eine veränderte Toxizität und Aggregationsneigung aufweisen. Ob sich Metallkomplexe als therapeutisch nützliche Inhibitoren der Amyloidbildung und Alpha-Beta-Toxizität eignen, hängt davon ab, ob sie die strengen und anspruchsvollen Anforderungen an therapeutische Wirkstoffe erfüllen[35] .

- ***Polyphenolische Verbindungen***

Polyphenolverbindungen werden aufgrund ihrer starken antioxidativen, entzündungshemmenden, antimikrobiellen und antitumoralen Wirkung zunehmend als natürliche Quellen für die Behandlung zahlreicher Krankheiten, einschließlich neurologischer Störungen, betrachtet. Es gibt immer mehr Belege dafür, dass polyphenolische Verbindungen aus einer Vielzahl unterschiedlicher Quellen die kognitiven Funktionen verbessern und die Neuropathie des Gehirns in Tiermodellen der Alzheimer-Krankheit über mehrere Mechanismen verringern können[35] .

- ***Metalle***

Lithium wird auch als neuroprotektives Mittel und als Kandidat für eine Krankheitsmodifikation bei bestimmten neurodegenerativen Erkrankungen, insbesondere der Alzheimer-Krankheit, angesehen. Die mutmaßlichen neuroprotektiven Wirkungen von Lithium beruhen auf der Tatsache, dass es mehrere homöostatische Mechanismen moduliert, die an der neurotrophen Reaktion, der Autophagie, dem oxidativen Stress, der Entzündung und der mitochondrialen Funktion beteiligt sind. Dieses breite Spektrum an intrazellulären Reaktionen könnte auf zwei Schlüsseleffekte zurückzuführen sein, nämlich auf die Hemmung der Glykogensynthase-Kinase-3 beta (GSK-3β) und der Inositol-Monophosphatase (IMP) durch Lithium[36] .

ROLLE DER CHOLINESTERASE IN DER PATHOGENESE DER ALZHEIMER-KRANKHEIT

a. Acetylcholinesterase

Acetylcholinesterase (AChE) ist eine Serinhydrolase, die die Hydrolyse des Neurotransmitters Acetylcholin in Cholin und Essigsäure katalysiert. Entsprechend der cholinergen Neurotransmission würde eine Hemmung der Acetylcholinesterase den Acetylcholinspiegel im Gehirn erhöhen und damit die cholinergen Synapsen bei Alzheimer-Patienten verbessern. Die Beeinträchtigung der kognitiven Funktionen und die Verhaltensstörungen, von denen Patienten mit Alzheimer betroffen sind, werden mit Defiziten der kortikalen Erregbarkeit, insbesondere der cholinergen Neurotransmission, in Verbindung gebracht. In den Gehirnen von Alzheimer-Patienten wurden Störungen des Acetylcholin-Stoffwechsels mit einer erhöhten AChE-Expression beim Abbau von Acetylcholin und einer Verschlechterung der Aktivität der Cholin-Acetyltransferase, eines Enzyms, das für die Synthese von Acetylcholin verantwortlich ist, festgestellt[37] .

Anatomische Befunde aus den Gehirnen von Alzheimer-Patienten haben eine Schädigung der Kerne mit cholinergen Neuronen ergeben, was auf die Rolle des cholinergen Systems bei Alzheimer hinweist[38] . Der Verlust der cholinergen Aktivität in Bereichen des Gehirns, die für höhere geistige Funktionen zuständig sind, trägt zur Entstehung von Alzheimer bei. Extrazelluläre Plaques, intrazelluläre neurofibrilläre Knäuel und die lokale Bildung und Anhäufung von Aβ sind die Kennzeichen von Alzheimer. Die in den Gehirnen von Alzheimer-Patienten gefundenen Plaques enthalten extrazelluläre Ablagerungen von menschlichem Beta-Amyloid-Peptid[39, 40] .

b. Butyrylcholinesterase

Im Gehirn von Säugetieren findet sich Butyrylcholinesterase (BuChE) an komplementären und sich mit AChE überschneidenden Stellen in Kernen, die mit kognitiven und verhaltensbezogenen Funktionen zusammenhängen, sowie im menschlichen Thalamus. Im Gehirn von Patienten mit Alzheimer kolokalisiert BuChE mit AChE in den unlöslichen Fibrillen, den so genannten senilen Plaques, in der Großhirnrinde. Der Anteil der Plaquefläche, die BuChE im Vergleich zu Aβ aufweist, war in den Gehirnen von dementen Patienten signifikant höher als bei nicht dementen Patienten. Zusammen mit der Lokalisierung von BuChE in neurofibrillären Knäueln, dem zweiten pathologischen Merkmal der Alzheimer-Krankheit, deutet dieses Ergebnis auf eine aktive Beteiligung von BuChE am Krankheitsprozess hin, lässt aber seine Rolle unklar[41] .

ENTDECKUNG VON ARZNEIMITTELN

Im letzten Jahrhundert lag die durchschnittliche Lebenserwartung zwischen 65 und 81 Jahren, was auf die Suche und Entwicklung neuer therapeutischer Arzneimittel zurückzuführen ist. Viele der in den letzten fünfzig Jahren verwendeten Medikamente sind entweder synthetischer oder halbsynthetischer Herkunft. Davor waren die meisten Medikamente jedoch natürlichen Ursprungs. Pflanzen haben seit Jahrhunderten einen großen medizinischen Wert. Dann entdeckten die Wissenschaftler, dass es einen Zusammenhang zwischen Mikroorganismen und vielen schweren Infektionskrankheiten gibt. Dies führte zu Fortschritten bei der Entwicklung neuer therapeutischer Arzneimittel, sowohl synthetischer als auch natürlicher Wirkstoffe[42] .

Der Prozess der Arzneimittelentdeckung und -entwicklung kann in zwei Bereiche unterteilt werden. Sie sind die Arzneimittelentdeckung und die Arzneimittelentwicklung. Der Prozess der Arzneimittelentdeckung umfasst die Identifizierung des Ziels, die Validierung des Ziels, die Identifizierung der Leitstruktur, die Optimierung der Leitstruktur, die Synthese und das Screening auf therapeutische Wirksamkeit. Nach der Entdeckung des Medikaments wird der Entwicklungsprozess durchlaufen, bevor die klinischen Studien beginnen[43] .

Hintergrund des Wirkstoffdesigns

Ein Zielmolekül ist ein Schlüsselmolekül, das an einem bestimmten Stoffwechsel- oder Signalweg beteiligt ist, der für einen bestimmten Krankheitszustand oder eine bestimmte Pathologie spezifisch ist. Bei einigen Ansätzen wird versucht, die Funktion des Stoffwechselwegs im kranken Zustand zu hemmen, indem ein Schlüsselmolekül außer Funktion gesetzt wird. Es können Medikamente entwickelt werden, die an die aktive Region binden und dieses Schlüsselmolekül hemmen[44] .

Ein anderer Ansatz könnte darin bestehen, den normalen Signalweg zu verbessern, indem bestimmte Moleküle in den normalen Signalwegen gefördert werden, die im kranken Zustand beeinträchtigt sein könnten. Darüber hinaus sollten diese Medikamente so konzipiert sein, dass sie keine anderen wichtigen "Off-Target"-Moleküle oder Antitargets beeinflussen, die dem Zielmolekül ähnlich sind. Denn Wechselwirkungen mit Off-Target-Molekülen können zu unerwünschten Nebenwirkungen führen. Die Sequenzhomologie wird häufig verwendet, um solche Risiken zu ermitteln[45] .

Methoden der Arzneimittelentwicklung

Bei der Entwicklung von Arzneimitteln werden in der Regel vier verschiedene Methoden angewandt.

i. ***Ligandenbasiertes Wirkstoffdesign (oder indirektes Wirkstoffdesign):***

Sie beruht auf der Kenntnis anderer Moleküle, die an das biologische Ziel von Interesse binden. Daraus lässt sich ein Pharmakophormodell ableiten, das die strukturellen Mindestmerkmale definiert, die ein Molekül besitzen muss, um an das Ziel zu binden. Diese QSAR-Beziehungen können wiederum zur Vorhersage der Aktivität neuer Analoga verwendet werden.

Dies ist eine äußerst wirksame Methode. In Ermangelung struktureller Informationen über das Zielmolekül wird die ligandenbasierte Methode verwendet, um die Hemmstoffe des Zielrezeptors zu ermitteln. Das aktive Leitmolekül wird anhand von Struktureigenschaften oder topologischen Ähnlichkeitseigenschaften ermittelt. Es gibt mehrere Kriterien für Strukturähnlichkeitsvergleiche wie die Form eines einzelnen Fragments oder die elektrostatischen Eigenschaften des Moleküls. Die Leitmoleküle werden auf der Grundlage ihres funktionalen Scores, der mit Hilfe verschiedener Algorithmen ermittelt wird, in die Rangliste aufgenommen[46] .

ii. ***Strukturbasiertes Wirkstoffdesign (oder direktes Wirkstoffdesign):***

Der strukturbasierte Entwurf von Arzneimitteln (oder der direkte Entwurf von Arzneimitteln) beruht auf der Kenntnis der dreidimensionalen Struktur des biologischen Ziels, die durch Methoden wie Röntgenkristallographie oder NMR-Spektroskopie gewonnen wird. Steht keine experimentelle Struktur eines Targets zur Verfügung, kann es möglich sein, ein Homologiemodell des Targets auf der

Grundlage der experimentellen Struktur eines verwandten Proteins zu erstellen. Strukturelles virtuelles Screening wird für die Identifizierung einer potenziellen Ligandenbindungsstelle auf dem Zielmolekül verwendet.

Die Struktur eines Zielproteins wird durch NMR und Röntgenkristallographie bestimmt und die Initialisierung des Zielproteins ist der wichtigste Schritt beim strukturbasierten Wirkstoffdesign. Die experimentellen Strukturen der an die Enzyme gebundenen Liganden liefern Ideen für das Design von Analoga und sind für die Docking-Studien nützlich. Anhand der Struktur des biologischen Targets können mit Hilfe interaktiver Grafiken Wirkstoffkandidaten entworfen werden, von denen man annimmt, dass sie mit hoher Affinität und Selektivität an das Target binden. Alternativ können auch verschiedene automatisierte Berechnungsverfahren eingesetzt werden, um neue Arzneimittelkandidaten vorzuschlagen[47,48] .

iiiRationaler Wirkstoffentwurf:

Am Anfang steht die Hypothese, dass die Modulation eines spezifischen biologischen Ziels einen therapeutischen Wert haben kann, im Vergleich zu einem traditionellen Design, das auf Versuch und Irrtum beruht[49] .

iv. Computergestützter Entwurf von Arzneimitteln:

Bei dieser Methodik wird die computergestützte Chemie zur Entdeckung, Verbesserung oder Untersuchung von Arzneimitteln und verwandten biologisch aktiven Molekülen eingesetzt. Das grundlegendste Ziel dieser Methodik ist die Vorhersage der Bindungsaffinität eines bestimmten Moleküls an ein Ziel und der damit verbundenen Bindungskinetik[49] .

MOLEKULARES DOCKING

Im Bereich der molekularen Modellierung ist Docking eine Methode, mit der die bevorzugte Ausrichtung eines Moleküls zu einem zweiten Molekül vorhergesagt wird, wenn dieses aneinander gebunden ist, um einen stabilen Komplex zu bilden. Molekulares Docking kann als ein Optimierungsproblem definiert werden, das die "bestgeeignete" Ausrichtung eines Liganden beschreibt, der an ein bestimmtes Protein von Interesse bindet. Im Laufe des Docking-Prozesses passen der Ligand und das Protein ihre Konformation an, um eine allgemeine "Best-Fit"-Orientierung zu erreichen. Diese Art der Konformationsanpassung, die zur Gesamtbindung führt, wird als "induzierte Anpassung" bezeichnet[50] . Diese Theorie besagt, dass Ligand und Rezeptor während des Docking-Prozesses als flexibel behandelt werden sollten.

Der Docking-Prozess umfasst zwei grundlegende Schritte: die Vorhersage der Ligandenkonformation sowie ihrer Position und Ausrichtung innerhalb dieser Stellen (Pose) und die Bewertung der Bindungsaffinität. Mit dem molekularen Docking-Ansatz kann die Wechselwirkung zwischen einem kleinen Molekül und einem Protein auf atomarer Ebene modelliert werden, was es uns ermöglicht, das Verhalten kleiner Moleküle in der Bindungsstelle von Zielproteinen zu charakterisieren und grundlegende biochemische Prozesse aufzuklären (Abb. 7).

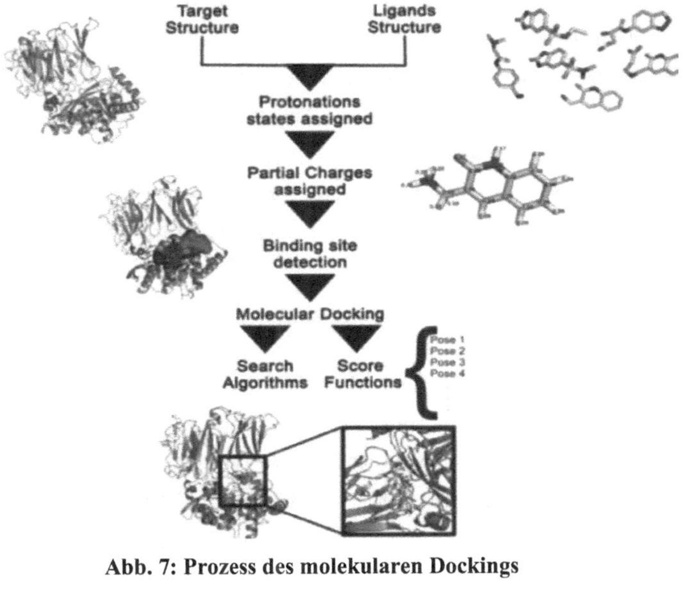

Abb. 7: Prozess des molekularen Dockings

Theorie des Andockens

Ziel des molekularen Dockings ist es, mit Hilfe von Berechnungsmethoden eine Vorhersage der Struktur des Liganden-Rezeptor-Komplexes zu treffen. Docking kann durch zwei miteinander verbundene Schritte erreicht werden: Zunächst werden die Konformationen des Liganden im aktiven Zentrum des Proteins gesampelt; anschließend werden diese Konformationen mit Hilfe einer Scoring-Funktion bewertet. Im Idealfall sollten die Sampling-Algorithmen in der Lage sein, den experimentellen Bindungsmodus zu reproduzieren, und die Scoring-Funktion sollte diesen unter allen generierten Konformationen am höchsten einstufen[51] .

Ziele von Medikamenten

Ein Target ist eine natürlich vorhandene zelluläre oder molekulare Struktur, die in den Prozess der Arzneimittelentwicklung einbezogen wird. Die wichtigsten Zielmoleküle im Körper sind normalerweise größere Moleküle. Die Kenntnis der funktionellen Gruppen und strukturellen Merkmale der Makromoleküle kann einen Bereich für mögliche Wechselwirkungen zwischen dem Arzneimittel und seinem Ziel an der Bindungsstelle schaffen.

Identifizierung der Ziele und der aktiven Stellen

Target ist ein Proteinmakromolekül, das eng mit Krankheiten verbunden ist. Es spielt eine wichtige Rolle bei der Signalübertragung, die im Krankheitsfall oft gestört ist. Enzyme sind eines der wichtigsten Targets. Sie haben Bindungstaschen für die Hemmung und Substrate, an die sie gebunden werden können[52] .

Ligandenvorbereitung

Liganden können aus verschiedenen Datenbanken wie ZINC oder PubChem bezogen oder mit Hilfe des Tools Chemsketch skizziert werden. Bei der Auswahl des Liganden sollte die 5er-Regel von Lipinski angewendet werden. Die 5er-Regel von Lipinski hilft bei der Unterscheidung zwischen arzneimittelähnlichen und nicht arzneimittelähnlichen Molekülen. Sie sagt eine hohe Wahrscheinlichkeit des Erfolgs oder Misserfolgs aufgrund von Arzneimittelähnlichkeit für Moleküle voraus, die 2 oder mehr der folgenden Regeln erfüllen[53] .

- Molekulare Masse weniger als 500 Dalton
- Hohe Lipophilie (ausgedrückt als LogP kleiner als 5)

- Weniger als 5 Wasserstoffbrückenbindungsdonatoren
- Weniger als 10 Wasserstoffbrückenbindungsakzeptoren
- Der molare Refraktionswert sollte zwischen 40 und 130 liegen.

Ansätze des molekularen Dockings

Für die Durchführung des molekularen Dockings werden zwei Arten von Ansätzen verwendet.

1. ***Ansatz der Simulation***

Der Ligand und das Target werden durch eine physische Distanz getrennt, und dann wird dem Liganden erlaubt, nach einer bestimmten Anzahl von Bewegungen in seinem Konformationsraum in die Rille des Targets zu binden. Bei den Bewegungen wird die Struktur des Liganden entweder intern (Drehungen um den Torsionswinkel) oder extern (Rotationen und Translationen) verändert. Bei jeder Bewegung in der Konformationsgrenze setzt der Ligand Energie als "Gesamtenergie" frei. Dieser Ansatz ist insofern vorteilhafter, als er besser mit der Flexibilität des Liganden vereinbar ist. Allerdings dauert es bei diesem Ansatz länger, den optimalen angedockten Konformer zu ermitteln, da für jede Konformation viel Energie freigesetzt wird.

2. ***Ansatz der Formkomplementarität***

Bei diesem Ansatz werden Ligand und Target als strukturelles Oberflächenmerkmal verwendet, das ihre molekulare Interaktion darstellt. Hier wird die Oberfläche des Zielmoleküls im Hinblick auf seine für Lösungsmittel zugängliche Oberfläche dargestellt, und die Molekületoberfläche des Liganden wird in Form einer passenden Oberflächenabbildung gezeigt. Bei Protein-Zielmolekülen beispielsweise wird die Hydrophobizität anhand der Anzahl der Windungen in den Hauptkettenatomen geschätzt. Dieser Ansatz ist recht schnell und beinhaltet das schnelle Scannen von Tausenden von Liganden in wenigen Sekunden, um die möglichen Bindungseigenschaften des Liganden auf der molekularen Oberfläche des Zielmoleküls zu ermitteln[54] .

Arten des Andockens

Es gibt verschiedene Arten von molekularen Docking-Verfahren, bei denen je nach Zielsetzung der Docking-Simulationen entweder ein flexibler oder ein starrer Ligand/Ziel beteiligt ist.

- ***Starres Docking*** (sowohl das Ziel als auch der Ligand als starre Moleküle)

Das starre Docking ist eine geeignete Position für den Liganden in der Rezeptorumgebung, die unter Beibehaltung seiner Steifigkeit erreicht wird.

- ***Flexibles Docking*** (beide interagierenden Moleküle sind flexibel)

Bei diesem Prozess wurde die Interaktion zwischen Rezeptor und Ligand durch Änderung der internen Torsionen des Liganden in der aktiven Stelle erreicht, während der Rezeptor fixiert bleibt.

- ***Flexibles Liganden-Docking*** (Ziel als starres Molekül)

Das Flexible Ligand Docking ist eine geeignete Position für den flexiblen Liganden und den starren Rezeptor[54] .

MECHANIK DES ANDOCKENS

Um ein Docking-Screening durchzuführen, muss zunächst die Struktur eines Proteins vorliegen. Die Proteinstruktur wird mit Hilfe der Röntgenkristallographie oder der NMR-Spektroskopie bestimmt. Die Proteinstruktur und eine Datenbank mit potenziellen Liganden dienen als Input für ein Docking-Programm[55] . Der Erfolg der Docking-Software hängt vom Suchalgorithmus ab.

Suchalgorithmus

Alle möglichen Rotations- und Translationsorientierungen, Verzerrungen, die Flexibilität des Rückgrats und der Seitenkette sowie die verschiedenen Freiheitsgrade machen es unmöglich, eine erschöpfende Stichprobe durchzuführen. Ein strenger Suchalgorithmus würde alle möglichen Bindungsarten zwischen Ligand und Rezeptor vollständig aufklären. Um die Möglichkeiten einzuschränken, berücksichtigen die meisten Docking-Programme nur die Flexibilität des Liganden und halten das Ziel starr. Einige häufig verwendete Suchalgorithmen sind: Monte-Carlo-Methode (MC), fragmentbasierte Methode, Abstandsgeometrie, Matching-Methode, Liganden-Fit-Methode,

Punktkomplementaritätsmethode, blindes Docking, inverses Docking, genetische Algorithmen und Molekulardynamik. Andere versuchen, eine gewisse Zielflexibilität durch die Verwendung von Rotamer-Bibliotheken oder ein gewisses Maß an Seitenkettenflexibilität durch die Verwendung weicher Grenzflächen und die Skalierung sterischer Wechselwirkungen oder eine weitere Seitenkettenverfeinerungsstufe[56] einzufügen.

Docking-Algorithmen für die Entwicklung und Entdeckung von Arzneimitteln

Arzneimittel sind kleine Liganden, die oft sehr flexibel sind und eine große Anzahl von Konformationen aufweisen. Die Oberflächen der Wirkstoffmoleküle sind optimal an die Rezeptortaschen angepasst. Daher basieren die Docking-Schemata für die Entwicklung von Arzneimitteln auf der erhöhten Flexibilität der Liganden. Bei der Vermittlung von Wasserstoffbrücken spielen Wassermoleküle an der Grenzfläche eine wichtige Rolle.

Für das Andocken bei der Entwicklung von Arzneimitteln werden zwei Ansätze verfolgt. Beim ersten Ansatz werden Fragmente kombinatorisch aus einer Bibliothek chemischer Fragmente ausgewählt, die an die Bindungsstelle angedockt werden, und das Molekül wird unter Berücksichtigung aller zulässigen Freiheitsgrade gezüchtet. Die angedockte Orientierung wird untersucht, um die Energien zu minimieren und die günstigsten Kombinationen zu finden. Die Algorithmen für solche Probleme werden von Bohacek und anderen beschrieben. Der zweite Ansatz basiert auf dem Andocken des gesamten Moleküls. Statt schrittweise Fragmente zu ligieren, werden bei diesem Ansatz Datenbankabgleich und Scoring durchgeführt.

Zu diesem Zweck werden folgende Datenbanken verwendet: Comprehensive Medicinal Chemistry, Arzneimitteldatenbanken des National Cancer Institute, Available Chemical Directory, ZINC usw. Ausgewählte Verbindungen werden entweder direkt einzeln angedockt, oder es werden Verbindungen angedockt, die bestimmte Pharmakophoren enthalten. Pharmakophore sind die geometrischen Merkmale oder chemischen Eigenschaften, die den Verbindungen gemeinsam sind, die experimentell an den jeweiligen Rezeptor binden. Zu den geometrischen Merkmalen gehören Wasserstoffbrücken, die Koordination hydrophober Atome, geladene Gruppen usw., die für die Erkennung von Liganden durch den Rezeptor verantwortlich sind. Pharmakophoren helfen bei der Identifizierung potenzieller Liganden aus den Datenbanken. Der Algorithmus für mehrfache Strukturanpassungen identifiziert die Pharmakophore.

Trotz der Vorteile, die die Verwendung von Pharmakophoren und Docking-Verbindungen mit sich bringt, hat diese Methode auch ihre Grenzen in Bezug auf die Arzneimittelvielfalt. Die Wirkstoffvielfalt ist von besonderer Bedeutung, da sich das Volumen und die Form der Bindungsstelle nachweislich ändern können und Wirkstoffe unterschiedlicher Form, Größe und Zusammensetzung an dieselbe Stelle binden können[57] .

Grundlegende Herausforderungen beim molekularen Docking

Einige grundlegende Herausforderungen beim Andocken und Bewerten werden unter den folgenden Überschriften erörtert.

a. Ligandenchemie

Die Ligandenvorbereitung hat einen großen Einfluss auf die Docking-Ergebnisse, da die Ligandenerkennung durch ein Biomolekül von der dreidimensionalen Ausrichtung und der elektrostatischen Wechselwirkung abhängt. Dies bestätigt, dass sowohl die Konformation des Liganden als auch die Ligandenvorbereitung wichtig sind. Früher wurden die ungefähren pKa-Werte beibehalten, wobei die Struktur höchstwahrscheinlich durch Entfernen oder Hinzufügen von Wasserstoffen optimiert wurde, aber die tautomeren und protomeren Zustände der Moleküle, die angedockt werden sollen, blieben eine große Diskrepanz. In fast allen Datenbanken werden die Moleküle in ihrer neutralen Form gespeichert, aber unter physiologischen Bedingungen sind sie tatsächlich ionisiert. Daher ist es obligatorisch, sie vor dem Andocken zu ionisieren. In verschiedenen Programmen ist die Standardionisierung jedoch leicht zu erreichen. Was die Frage der Tautomere betrifft, so bleibt das Problem bestehen, welches Tautomer man verwenden sollte oder ob man alle möglichen

Tautomere verwenden sollte[58] .

b. Flexibilität der Rezeptoren

Dies ist eine große Herausforderung beim Docking, d. h. bei der Handhabung flexibler Proteine. Ein Biomolekül/Protein nimmt je nach dem Liganden, an den es bindet, unterschiedliche Konformationen an. Dies bestätigt, dass das Docking mit einem starren Rezeptor eine einzige Konformation des Rezeptors ergibt. Wenn das Docking jedoch mit einem flexiblen Rezeptor durchgeführt wird, können die Liganden viele Rezeptorkonformationen zur Bindung benötigen. Bei molekularen Docking-Studien werden die verschiedenen Konformationszustände von Proteinen normalerweise am meisten vernachlässigt. Die Flexibilität der Proteine ist wichtig, da sie für eine bessere Affinität zwischen einem bestimmten Arzneimittel und dem Target sorgt. Ein weiterer Aspekt der Flexibilität des Targets sind die Wassermoleküle im aktiven Zentrum. Wassermoleküle müssen korrigiert werden, um die Verwendung von Artefaktwasser im Docking-Prozess zu vermeiden[59] .

c. Scoring-Funktion

Eine weitere Herausforderung beim Docking ist die Unvollkommenheit der Scoring-Funktion. So wie der Suchalgorithmus das Potenzial hat, die optimale Konformation zu finden, sollte auch die Scoring-Funktion in der Lage sein, die echten Bindungsmodi von allen anderen parallelen Modi zu unterscheiden. Eine potenzielle Scoring-Funktion wäre sehr rechenintensiv und für die Analyse mehrerer Bindungsmodi ungünstig. Wenn die Genauigkeit gegeben ist, machen Scoring-Funktionen eine Reihe von Vorschlägen zur Bewertung der Ligandenaffinität. Die physikalischen Phänomene, d.h. Entropie und elektrostatische Wechselwirkungen, werden bei Scoring-Funktionen nicht berücksichtigt. Daher ist das Fehlen einer geeigneten Scoring-Funktion, sowohl in Bezug auf die Genauigkeit als auch auf die Geschwindigkeit, das Hauptproblem bei der Programmierung des molekularen Dockings[20] .

In der Regel gibt es drei Arten von Scoring-Funktionen: Kraftfeldbasiertes Scoring, wissensbasiertes Scoring, empirisches Scoring und Konsens-Scoring-Funktionen werden von Docking-Programmen verwendet[60] .

- ***Kraftfeldbasiertes Scoring***

Für die Entwicklung von Kraftfeld-basierten Bewertungsfunktionen wird ein Kraftfeld verwendet , das die Energie des Systems als Summe verschiedener nicht gebundener Terme ausdrückt: van-der-Waals-Wechselwirkungen, elektrostatische Wechselwirkungen und Bindungsstreck-, Biege- und Torsionskräfte, die an der molekularen Erkennung beteiligt sind. Kraftfeldmethoden verwenden eine Vielzahl von Kraftfeldparametern. Empirische Scoring-Funktionen verwenden mehrere intermolekulare Wechselwirkungsterme, die mit maximal möglichen experimentellen Daten kalibriert werden. Die Idee, dass Bindungsenergien durch eine Summe einzelner unkorrelierter Terme angenähert werden können, wird bei der Entwicklung dieser Funktionen verwendet[61] .

- ***Empirisches Scoring***

Die empirischen Scoring-Funktionen bestehen aus mehreren Energie-Termen schnell und direkte Schätzung der Bindungsaffinitäten, diese Scoring-Schemata über die Grenzen der Strafe Begriff für schlechte Strukturen und stark abhängig von der Platzierung der Wasserstoffatome[61] kommen.

- ***Wissensbasiertes Scoring***

Wissensbasierte Bewertungsfunktionen werden aus statistischen Beobachtungen von intermolekularen Kontakten abgeleitet, die in den Datenbanken erkannt wurden. Sie sind so konzipiert, dass sie eher die Strukturen als die Bindungsenergien wiedergeben[61] .

- ***Konsens-Bewertung***

Aufgrund der Unzulänglichkeiten von Bewertungsfunktionen wird heutzutage eine andere Art von Bewertungsfunktion verwendet, die als Konsensbewertung bekannt ist und die Informationen aus verschiedenen Bewertungsschemata kombiniert, um die Einschränkungen der Bewertung zu überwinden. Dies kann sehr nützlich sein, da es die Vorteile kombiniert und gleichzeitig die Schwächen der einzelnen Methoden abschwächt. Die Scoring-Funktionen Chemscore, GFscore, Xcscore, Gold-like, FlexX usw. sind Beispiele für Konsens-Scoring-Funktionen[62] .

Wichtigste Andocksoftwares

Molekulares Docking wird als Teil von Softwarepaketen für Moleküldesign und -simulation eingesetzt. Es werden über 60 Docking-Software-Systeme und mehr als 30 Scoring-Funktionen berichtet. Um die Genauigkeit der Simulationen zu erhöhen, werden mehr als eine Suchmethode und Bewertungsfunktionen angeboten. Nur ein Teil der Software wurde zur Verfügung gestellt, und nur eine begrenzte Anzahl von ihnen ist weit verbreitet. Die am häufigsten verwendeten Programme sind:

➢ ***GOLD (Genetische Optimierung für Ligandendocking)***

GOLD verwendet einen flexiblen Docking-Modus für kleine Moleküle an Proteinbindungsstellen, der einen genetischen Algorithmus für die Konformationssuche einsetzt, der ein leistungsfähiges Werkzeug für das Screening und die Identifizierung neuer Leitverbindungen darstellt. Es ermöglicht das Docking von flexiblen Liganden und Proteinen mit flexiblen Hydroxylgruppen. Andernfalls wird das Protein als starr angesehen. Dies macht es zu einer guten Wahl, wenn die Bindungstasche Aminosäuren enthält, die Wasserstoffbrückenbindungen mit dem Liganden bilden. Gold ist in der Molekülmodellierungsszene wegen seiner Genauigkeit und Zuverlässigkeit hoch angesehen, und die Parameter des genetischen Algorithmus sind für eine breite Palette von virtuellen Screening-Anwendungen optimiert. GOLD verfügt über einen der umfangreichsten Validierungstestsätze und ist auch für die Verwendung am CSC[63] verfügbar.

➢ ***GLIDE (Grid Based Ligand Docking with Energetics)***

GLIDE nähert sich einer engen und vollständigen systematischen Suche nach dem Konformations-, Orientierungs- und Positionsraum des angedockten

Liganden. Glide verwendet eine Reihe von hierarchischen Filtern, um nach möglichen Positionen des Liganden in der Active-Site-Region des Rezeptors zu suchen. Es wird eine Rasterdarstellung für die Form und die Eigenschaften des Rezeptors verwendet, die schrittweise eine Bewertung für die Ligandenpositionierung[63] vornimmt.

➢ ***SLIDE (Effizientes Screening nach Liganden durch Induced-fit Docking)***

SLIDE ist ein allgemeiner Ansatz für das Screening organischer und peptidischer Datenbanken. Es kann mit großen Bindungsstellenvorlagen umgehen und verwendet eine mehrstufige Indizierung, um machbare Teilmengen von Vorlagenpunkten für das Liganden-Docking zu identifizieren. Ein auf der Mean-Field-Theorie basierender Optimierungsansatz wird angewendet, um induzierte Komplementaritäten zu modellieren und die Flexibilität zwischen dem Liganden und den Proteinseitenketten auszugleichen. SLIDE kann innerhalb weniger Tage 100.000 Verbindungen screenen und liefert eine nach Komplementaritäten zur Proteinbindungsstelle geordnete Liste sterisch realisierbarer Ligandenkandidaten[63] .

➢ ***AutoDock***

Autodock (Version 4.0.1) war das Programmpaket, das für die Docking-Aufgabe in dieser Arbeit verwendet wurde. Es wird für das automatisierte Docking von kleinen Molekülen wie Peptiden, Enzyminhibitoren und Arzneimitteln an Makromoleküle wie Proteine, Antikörper, DNA und RNA verwendet. Es handelt sich um ein sehr komplettes Softwarepaket, das ein robustes und genaues Verfahren und einen angemessenen Rechenaufwand ermöglicht.

Bei der von AutoDock verwendeten Suchfunktion handelt es sich um den Lamarck'schen Genetischen Algorithmus (LGA), der von Morris et al. ausführlich beschrieben wurde. LGA ist ein hybrider Suchalgorithmus, der die Vorteile der globalen Suche der üblichen genetischen Algorithmen mit den Vorteilen einer lokalen Suchmethode zur Energieminimierung kombiniert und so die Leistung im Vergleich zu genetischen Algorithmen verbessert. Die lokalen Suchalgorithmen benötigen keine Gradienteninformationen über die lokale Energielandschaft, was die Suche im Torsionsraum erleichtert und die Handhabung von mehr Freiheitsgraden ermöglicht[61] .

AutoDock 4.2

AutoDock 4.2 verwendet ein halb-empirisches Kraftfeld für freie Energie, um Konformationen während der Docking-Simulationen zu bewerten. Das Kraftfeld bewertet die Bindung in zwei Schritten. Der Ligand und das Protein beginnen in einer ungebundenen Konformation. Im ersten Schritt werden die intramolekularen Energien für den Übergang von diesen ungebundenen Zuständen zur Konformation des Liganden und des Proteins im gebundenen Zustand geschätzt. Im zweiten Schritt werden dann die intermolekularen Energien für die Kombination des Liganden und des Proteins in ihren gebundenen Konformationen bewertet. Die Parameter basieren auf dem Amber-Kraftfeld.

Nachteile von Molecular Docking

Docking-Berechnungen können durch eine Reihe von Gründen behindert werden: (1) der Ligand bindet an tiefe spezifische Taschen der Proteinstruktur; (2) das Vorhandensein von Lösungsmittel wird nicht berücksichtigt, was entscheidend sein kann, damit Wasserstoffbrückenbindungs-Wechselwirkungen auftreten können; (3) wenn der Ligand über einen Spacer-Arm an eine feste Oberfläche gebunden ist; (4) Liganden mit hoher Flexibilität; (5) schwache Wechselwirkungen zwischen dem Liganden und dem Protein; (6) großräumige Bewegungen des Peptidrückgrats. Es werden jedoch neue Optimierungen und Erweiterungen für bestehende Programme entwickelt, um diese Nachteile zu überwinden[64] .

ANWENDUNGEN DES WIRKSTOFFDESIGNS

Anwendungen von molekularem Docking Molekulares Docking kann die Durchführbarkeit jeder biochemischen Reaktion aufzeigen, da es vor dem experimentellen Teil jeder Untersuchung durchgeführt wird. Es gibt einige Bereiche, in denen das molekulare Docking die Erkenntnisse revolutioniert hat.

Insbesondere kann die Interaktion zwischen kleinen Molekülen (Liganden) und Proteinzielen (z. B. Enzymen) die Aktivierung oder Hemmung von Enzymen vorhersagen. Diese Art von Information kann als Rohmaterial für die rationale Entwicklung von Arzneimitteln dienen. Im Folgenden werden einige der wichtigsten Anwendungen des molekularen Docking beschrieben: -

- ***Optimierung von Blei:***

Molekulares Docking kann eine optimale Ausrichtung des Liganden auf seinem Ziel vorhersagen. Es kann verschiedene Bindungsarten des Liganden in der Furche des Zielmoleküls vorhersagen. Dies kann zur Entwicklung wirksamerer, selektiverer und effizienterer Arzneimittelkandidaten genutzt werden. Jedes Arzneimittelmolekül besteht aus essentiellen und nicht essentiellen Teilen. Der essentielle Teil ist wichtig für die pharmakodynamischen Eigenschaften (Wechselwirkung zwischen Wirkstoff und Rezeptor), während der nicht-essentielle Teil die pharmakokinetischen Eigenschaften beeinflusst. Sobald ein solches Pharmakophor identifiziert ist, können strukturelle Veränderungen vorgenommen werden, um die pharmakokinetischen Eigenschaften des Arzneimittels zu verbessern[64] .

- ***Strukturaufklärung durch Röntgenkristallographie***

Röntgenstrahlen haben eine Wellenlänge, die der Größe von Atomen entspricht, und eignen sich für die Untersuchung von Kristallen. Die Röntgenkristallographie ist eine Methode zur Bestimmung der Anordnung der Atome in einem Kristall, bei der ein Röntgenstrahl auf einen Kristall trifft und den Lichtstrahl in viele bestimmte Richtungen streut. Aus den Winkeln und Intensitäten dieser gebeugten Strahlen kann ein Kristallograph ein dreidimensionales Bild der Elektronendichte im Kristall erstellen.

- ***Virtuelle Screening-Analyse***

Docking je nach verfügbaren Struktur- und Bioaktivitätsdaten: Ein oder mehrere bekannte Wirkstoffmoleküle führen eine Ähnlichkeitssuche durch[64] .

- ***Kombinatorischer Bibliotheksentwurf***

Das grundlegende Ziel des virtuellen Screenings ist die Reduzierung des riesigen virtuellen chemischen Raums auf eine überschaubare Anzahl von Verbindungen, die ein für die Krankheit verantwortliches Zielprotein hemmen und außerdem die größten Chancen haben, zu einem Arzneimittelkandidaten zu führen[65] .

BEDEUTUNG VON IN-SILICO-DOCKING-INTERAKTIONSSTUDIEN BEI DER ENTWICKLUNG VON ARZNEIMITTELN

Die Entdeckung und Entwicklung von Arzneimitteln ist ein intensiver, langwieriger und interdisziplinärer Prozess. Die Entdeckung von Arzneimitteln wird als linearer, aufeinander folgender Prozess dargestellt, der mit der Entdeckung von Zielmolekülen und Leitstrukturen beginnt, gefolgt von der Optimierung der Leitstrukturen. Anschließend wurden präklinische In-vitro- und In-vivo-Studien durchgeführt, um die klinische Verbesserung[66] zu ermitteln.

In-silico-Methoden können bei der Identifizierung von Arzneimittelzielen mit Hilfe von Bioinformatik-Tools helfen. Sie können auch dazu verwendet werden, die Zielstrukturen auf mögliche Bindungs- bzw. aktive Stellen zu analysieren, Kandidatenmoleküle zu generieren, sie auf ihre Arzneimittelähnlichkeit zu prüfen, diese Moleküle an das Ziel anzudocken, sie nach ihrer Bindungsaffinität zu ordnen und die Moleküle weiter zu optimieren, um die Bindungseigenschaften zu verbessern[67] . Computergestützte Werkzeuge bieten den Vorteil, dass neue Wirkstoffkandidaten schneller und zu geringeren Kosten entwickelt werden können. Die wichtigsten Aufgaben der Computertechnik in der Arzneimittelforschung sind:

(1) Virtuelles Screening und De-novo-Design

(2) *In silico* ADME/T-Vorhersage

(3) Fortgeschrittene Methoden zur Bestimmung der Protein-Ligand-Bindung

Da durch Kristallographie, NMR und Bioinformatik immer mehr Proteinstrukturen verfügbar werden, steigt der Bedarf an computergestützten Werkzeugen, mit denen aktive Stellen identifiziert und analysiert werden können und die potenzielle Arzneimittelmoleküle vorschlagen, die speziell an diese Stellen binden können. Auch zur Bekämpfung lebensbedrohlicher Krankheiten wie AIDS, Tuberkulose, Malaria usw. ist ein globaler Vorstoß unerlässlich. Der

Zeit- und Kostenaufwand für die Entwicklung eines neuen Medikaments ist immens und inakzeptabel hoch. Der Einsatz von Computern bei einigen plausiblen Schritten ist zwingend erforderlich, um die Kosten und den Zeitaufwand
für die Entwicklung neuer Medikamente zu senken[68] .

ROLLE DER HEILPFLANZEN BEI NEURODEGENERATIVEN ERKRANKUNGEN

Das Heilen mit Heilpflanzen ist so alt wie die Menschheit selbst. Das

Bewusstsein für die Verwendung von Heilpflanzen ist das Ergebnis des langjährigen Kampfes gegen Krankheiten, in dessen Verlauf der Mensch lernte, in Rinden, Samen, Fruchtkörpern und anderen Pflanzenteilen nach Arzneimitteln zu suchen[69] . Das Wissen um die Entwicklung von Ideen im Zusammenhang mit der Verwendung von Heilpflanzen sowie die Entwicklung des Bewusstseins hat die Fähigkeit von Apothekern und Ärzten erhöht, auf die Herausforderungen zu reagieren, die mit der Ausbreitung professioneller Dienstleistungen zur Erleichterung des menschlichen Lebens entstanden sind. Seit jeher haben die Menschen versucht, Medikamente zu finden, um Schmerzen zu lindern und verschiedene Krankheiten zu heilen. Die Vorteile der einen Gesellschaft wurden an die andere weitergegeben, die die alten Eigenschaften verbesserte und neue entdeckte, bis in die heutige Zeit. Das ungebrochene Interesse der Menschen an Heilpflanzen hat dazu geführt, dass ihre Verarbeitung und Verwendung heute modern und anspruchsvoll ist[70] .

Die Wiedergeburt der Kräutermedizin, vor allem in den Industrieländern, ist vor allem auf das wiedererwachte Interesse der Gesellschaft und die zunehmenden wissenschaftlichen Erkenntnisse über Pflanzen zurückzuführen. Pflanzliche Zubereitungen haben auch die Fähigkeit, arzneimittelbedingte unerwünschte Wirkungen und sogar die Toxizität von Schwermetallen zu vermindern. Die Entwicklung von Arzneimitteln aus Pflanzen geht weiter, und die Arzneimittelhersteller führen groß angelegte pharmakologische Untersuchungen von Kräutern durch[71] .

Pflanzen bildeten die Grundlage hochentwickelter traditioneller Medizinsysteme, darunter Ayurveda, Unani, Chinesisch und andere. Diese Medizinsysteme haben einige wichtige Medikamente hervorgebracht, die auch heute noch verwendet werden. Das Studium von Heilpflanzen hilft, die Toxizität von Pflanzen zu verstehen und Mensch und Tier vor natürlichen Giften zu schützen. Der Anbau und die Erhaltung von Heilpflanzen schützen die biologische Vielfalt. Heilpflanzen haben eine vielversprechende Zukunft, denn es gibt etwa eine halbe Million Pflanzen auf der ganzen Welt, und bei den meisten von ihnen ist die medizinische Wirkung noch nicht erforscht, und ihre medizinische Wirkung könnte für die Behandlung gegenwärtiger oder künftiger Studien entscheidend sein[72] .

HEILPFLANZEN IN DER NEUROPROTEKTION

Neurodegenerative Erkrankungen wie die Alzheimer- und die Parkinson-Krankheit sind durch einen fortschreitenden Verlust von Struktur und Funktion der Neuronen gekennzeichnet und stellen eine große Belastung für den Einzelnen und die Gesellschaft dar. Die eigentliche Ursache verschiedener neurodegenerativer Erkrankungen ist im Gesundheitswesen noch immer ein Rätsel. Allerdings spielt das Altern bei neurodegenerativen Erkrankungen eine sehr wichtige Rolle. Heilpflanzen und natürliche Wirkstoffe wie *Withania somnifera,* Ginseng, Curcumin, Resveratrol, *Baccopa monnieri, Ginkgo biloba* und Wolfsbeere wurden zur Vorbeugung oder Linderung neurologischer Erkrankungen und zur Linderung neurologischer Symptome eingesetzt[73] .

In der traditionellen Medizin werden zahlreiche Pflanzen zur Behandlung kognitiver Störungen eingesetzt. Naturstoffe spielen eine wichtige Rolle bei der Vorbeugung und Therapie verschiedener neurodegenerativer Erkrankungen und neuronaler Dysfunktionen. Verschiedene Studien deuten darauf hin, dass aus Pflanzen isolierte Naturstoffe wie Polyphenole, Alkaloide und Flavonoide möglicherweise die Neurodegeneration verzögern und auch das Gedächtnis und die kognitiven Funktionen verbessern. Die entzündungshemmende und antioxidative Wirkung von Pflanzen und isolierten Pflanzenbestandteilen wurde zur Verbesserung von Neuroinflammation, Angstzuständen, Krämpfen usw. eingesetzt. Arzneipflanzen haben aufgrund des Vorhandenseins verschiedener komplexer chemischer Substanzen vorteilhafte Eigenschaften für die Behandlung von Toxizität im Nervensystem.

In der Kräutermedizin werden pflanzliche Organe wie Blätter, Stängel, Wurzeln, Blüten, Früchte und Samen als alternative und ergänzende Therapie eingesetzt. Zu den Kräutern gehören Resveratrol, Curcumin, Ginsenoside, Polyphenole und Triptolide, die neuroprotektive Eigenschaften haben. Daher ist es häufig schwierig zu bestimmen, welcher Bestandteil des Krauts mehr biologische Aktivität besitzt[74] .

ANLAGENPROFILE

MORINGA OLEIFERA

Abb. 8: Blätter von *Moringa oleifera*

- **Familie**: Moringaceae
- **Synonyme**: *Guilandina moringa, Hyperantheramoringa, Moringa pterygosperma Gaertn nom Illeg, Moringa zeylanica*
- **Allgemeiner Name**: Trommelstockbaum, Meerrettichbaum, Ben-Ölbaum.
- **Umgangssprachliche Namen**: *Tamil-* Murungai; *Hindi-* Senjana; *Kannada-Nugge*, Guggala, Mochaka, Mochakamara; *Malayalam-* Muringai; *Telugu-* Mochakamu[75] .
- **Biologische Quellen**: Getrocknete Blätter von *Moringa oleifera*
- **Verbreitung der Pflanze**

Moringa olerifera ist weltweit in den Tropen und Subtropen verbreitet. Die Art ist in Asien, Afrika, Nordamerika, Mittelamerika, der Karibik, Südamerika und Ozeanien[76] verbreitet.

M. oleifera ist ein kleiner, schnellwüchsiger, trockenheitsverträglicher Baum oder Strauch, oft 8-10 m hoch, manchmal bis zu 12-18 m. Er hat eine weit geöffnete, typisch schirmförmige Krone, meist mit einem einzigen deutlichen Stamm, mit glatter, heller oder graugrüner Rinde. Er neigt dazu, tief zu wurzeln. Blätter unpaarig gefiedert, Spindel 12-25 cm lang, pubertierend, 2-6 Paar Fiederblättchen 3-6 mm lang, jedes mit 3-5 Paar hellgrünen, verkehrt eiförmigen Fiederblättchen 1-2 cm lang, Endblättchen etwas größer, basale Fiederblättchenpaare manchmal dreifach gefiedert (Abb. 8).

- ***Phytochemische Inhaltsstoffe***

Sie enthält eine reiche Quelle an Vitaminen (A&C) und Milcheiweiß. Verschiedene Arten aktiver Phytokonstituenten wie Alkaloide, Proteine, Chinine, Saponine, Flavonoide, Tannine, Steroide, Glykoside, feste Öle und Fette sind vorhanden. Einige andere Bestandteile sind Niazinin A, Niazinin B, Niazimicin A und Niaziminin B. Moringa-Pflanzen liefern eine große und seltene Kombination von Zeatin, Quercetin, Beta-Sitosterol, Kaemopferol und Caffeoylguinsäure[77] .

- ***Traditionelle Verwendungen***

Die Pflanzenteile werden in der Volksmedizin für viele Zwecke der menschlichen Gesundheitspflege verwendet, darunter Diabetes, Wundheilung, Desinfektionsmittel, Fieber, Verstopfung, Muskelschmerzen, Abmagerung, Verbrennungen, Wehenschmerzen, Bluthochdruck, Hirntonikum, Malaria,

Magenbeschwerden, Asthma, Hautprobleme und zum Ausstoßen einer zurückgehaltenen Plazenta[78] .

- ***Gemeldete Tätigkeit***

Diese Pflanze wird weithin als Nahrungspflanze verwendet und enthält wertvolle pharmakologische Wirkungen wie anti-asthmatisch, anti-diabetisch, entzündungshemmend, anti-fruchtbar, hepatoprotektiv, entzündungshemmend, antinozizeptiv, anti-atherosklerotisch, schützend vor oxidativen DNA-Schäden[79]
.

PARADIESISCHE MUSA

Abb. 9: Blüten von *Musa paradisiac*

- ***Familie:*** Musaceae
- ***Synonyme***: *Musa sapientum*
- ***Gebräuchlicher Name:*** Banane, Kochbanane, Guineo
- ***Umgangssprachliche Namen***: *Tamil-Vaazha*, *Hindi-Kela*; *Kannada-Baazhe*, baale; *Malayalam:* Vaazha [80]
- ***Biologische Quellen***: Getrocknete Blüten von *Musa paradisiaca*
- ***Verbreitung der Pflanze***

Bananen haben ihren Ursprung in Südostasien, einschließlich Nordindien, Kambodscha, Sumatra, Java, den Philippinen und Taiwan (Abb. 9). In verschiedenen Ländern werden etwa 300 Bananensorten angebaut, von denen die meisten in den asiatischen, indo-malaysischen und australischen Tropen angebaut wurden und heute in allen tropischen und subtropischen Ländern weit verbreitet sind. Indien, die Philippinen, China, Brasilien, Indonesien, Mexiko, Kolumbien und Thailand sind die wichtigsten Bananenanbauländer. Bananen und Kochbananen werden heute in allen feuchten tropischen Regionen[81] angebaut.

- ***Phytochemische Inhaltsstoffe***

Phytochemische Untersuchungen von Bananenblütenextrakten zeigen das Vorhandensein von Alkaloiden, Glykosiden, Steroiden, Saponinen, Tanninen, Flavonoiden und Terpenoiden[82] .

- ***Traditionelle Verwendungen***

Die Blüten werden zur Behandlung von Bronchitis, Dysenterie, Menorrhagie und Geschwüren verwendet. Sie werden auch bei Hysterie, Epilepsie, Lepra, Fieber, Blutungen und Hämorrhoiden sowie bei Insektenstichen und -bissen eingesetzt. Antimykotische und antibiotische Eigenschaften sind in den Blütenteilen der Pflanze[83] enthalten.

- ***Gemeldete Tätigkeit***

Es zeigt biologische Aktivitäten wie antidiabetische, anti-ulzerogene, gedächtnisverbessernde, antitumorale, antiatherogene, antidiarrhoische und antimutagene[84] .

LITERATURÜBERBLICK

Literatur aus dem Bereich der In-silico-Studien

Suman *et al.* (2020) zielten darauf ab, die potenziellen Phytokonstituenten als NMDA-Rezeptor-Antagonisten aus konventionell verwendeten indischen Gewürzen zur Behandlung der Alzheimer-Krankheit zu identifizieren. Das In-silico-Docking wurde für verschiedene Phytokonstituenten aus ausgewählten Gewürzen wie Nelke, Kreuzkümmel, grüner Kardamom, Zimt und schwarzer Pfeffer gegen den NMDA-Rezeptor untersucht. Die ADMET-Eigenschaften wurden für den Top-Hit-Phytokonstituenten bestimmt. Auf der Grundlage des molekularen Dockings wurde ein strukturbasiertes Screening der 250 Verbindungen aus ausgewählten Gewürzen durchgeführt. Die fünf besten Spuren wurden ausgewählt und auf ihre ADMET-Eigenschaften hin untersucht. Auf der Grundlage des Glide-Scores, der Glide-Energie und der molekularen Interaktion wurde die Kaffeesäure als Top-Leitstruktur ermittelt. Aus der vorliegenden Studie geht hervor, dass verschiedene Phytokonstituenten als potenzielle NMDA-Rezeptor-Antagonisten fungieren, was in Zukunft als potenzieller Ansatz für die Linderung der Symptome der Alzheimer-Krankheit nützlich sein könnte[85] .

Surabhi *et al.* (2020) untersuchten die Bewertung des Anti-Alzheimer-Potenzials von Analoga von Acetylcholinesterase-Inhibitoren anhand von Docking-Studien. Die Docking-Studien wurden mit Acetylcholinesterase durchgeführt, die durch eine *in silico* pharmakokinetische Bewertung weiter analysiert wurde. Die Docking-Studien zeigen, dass es eine bessere Interaktion zwischen dem AChE-Enzym und den analysierten Verbindungen gibt. Im Ergebnis zeigten 26 Verbindungen eine bessere hemmende Wirkung auf das AChE-Enzym, und auch alle Screening-Parameter wurden von allen ausgewählten Verbindungen erfüllt. Bei der In-silico-Studie mit der Software INVENTUS v 1.1 erwiesen sich die sechs Verbindungen 17, 18, 24, 30, 36 und 56 als die stärksten Inhibitoren mit den höchsten Bioaffinitäten, *d.h.* - 8,51, - 7,67, - 8,30, - 7,59, - 8,71 und - 7,62 kcal/mol, während das Standardmedikament Donepezil eine Bindungsaffinität von - 6,32 kcal/mol aufweist. Die Daten aus den Docking-

Studien erklären, dass die neu entwickelten Analoga im Vergleich zu Donepezil[86] eine höhere Affinität zum Zielprotein aufweisen.

Madeswaran (2019) ermittelte das hemmende Affinitätspotenzial bestimmter handelsüblicher Flavonoide wie Acacatechin, Catechin, Daidzein, Galangin und Kaempferol gegenüber dem Enzym PARP-1 mithilfe von In-silico-Docking-Studien. Olaparib (PARP-1-Inhibitor) wurde als Standard verwendet. In den Docking-Studien (AutoDock 4.2) wurden die Konformationsstelle und die Docking-Parameter für die Flavonoide gegen PARP-1 bewertet. Die Aminosäurereste, die für die PARP-1-Hemmung des Catechins verantwortlich waren, waren Lys 15, Ser 108 und Gly 109. Diese Verbindung könnte als guter Ausgangspunkt für die weitere Entwicklung starker Inhibitoren gegen das PARP-1-Enzym dienen, was auf das Vorhandensein eines Benzopyranrings in seiner Struktur zurückzuführen sein könnte. Daher sind weitere Forschungen erforderlich, um neue chemische Wirkstoffe für die Prävention und Behandlung von Eierstock- und Brustkrebs zu entwickeln[87] .

Sathish *et al.* (2019) untersuchten die hemmende Wirkung von Apigenin, das aus *Morus indica* isoliert wurde, auf das Enzym Aldose-Reduktase, indem sie eine *Ex-vivo-* und eine molekulare Docking-Studie durchführten. Die hemmende Wirkung von Apigenin aus *M. indica* wurde mit AutoDock bewertet. Die Apigenin-Konzentration (10-50 μg mL^{-1}) zeigte eine signifikante Hemmung ($p \leq$ 0,05) des Aldose-Reduktase-Enzyms in einer dosisabhängigen Weise mit einem IC_{50} Wert von 39,23 μg mL^{-1} . Die Positivkontrolle Aminoguanidin in einer Konzentration von 10 mM hemmte 42,96 % der Aldosereduktase. Die molekularen Docking-Studien zeigten, dass Apigenin im Vergleich zu Aminoguanidin (-3,78 kJ mol^{1}) eine bessere Bindungsenergie (-9,15 kJ mol^{-1}) aufweist. Die Analyse der molekularen Interaktion zeigte, dass Apigenin den Protonenspende-Mechanismus unterbricht, der für die katalytische Aktivität der Aldosereduktase notwendig ist, indem es eine H-Bindung mit Trp20 (Protonendonator) bildet. Die vorliegenden Ergebnisse unterstützen die pharmakologische Anwendung von Apigenin für die Behandlung von Diabetes und Katarakt[88] .

Dhanalakshmi ***et al.*** **(2018)** bewerteten die anti-atherosklerotische Aktivität des ethanolischen Blattextrakts von *Corchorus trilocularis* gegen den Leber-X-Rezeptor alpha. Die Phytokonstituenten wurden aus der Pubchem-Datenbank entnommen und die chemischen 2D-Strukturen wurden mit Hilfe der Chemsketch-Software aus der SMILES-Notation generiert. Die 3-D-Struktur des Leber-X-Rezeptors alpha wurde mit Hilfe der Protein Data Bank ermittelt. Von den zwölf Phytochemikalien hat 10-Methyl-E-11-tridecen-1-ol propionate den GOLD-Score von 28,33. Aus den *in silico* Docking-Ergebnissen geht hervor, dass die Phytokonstituenten der Blätter von *Corchorus trilocularis ein* großes Potenzial gegen Atherosklerose haben und als bessere Leitstruktur fungieren können, um Atherosklerose zu verhindern. ADME und Toxizität wurden mit Hilfe der ADMET-Struktur-Wirkungs-Beziehungsdatenbank[89] bestimmt.

Ashwini ***et al.*** **(2017)** haben eine Arbeit vorgestellt, bei der eine menschliche Gebärmutterhalskrebs-Zelllinie mit dem Protein Caspase 3 verwendet wurde. Das aktuelle molekulare Docking steht für das Design und die Entwicklung zukünftiger neuer Verbindungen mit höherer hemmender Aktivität gegen das Caspase 3-HeLa-Protein. Beim Docking zwischen fünf Verbindungen mit Caspase 3 wurde festgestellt, dass Cumarin (-378,3 kcal /mol), Camptothecin (-285,3 kcal /mol), Epigallocatechin (-258,2 kcal /mol) und Quercetin (-258,2 kcal /mol) am besten wirken. Mit der Docking-Software Hex 8.0.0 wurde die geringste Docking-Punktzahl für Gallussäure ermittelt (-181,3 kcal /mol)[90] .

Dhanalakshmi ***et al.*** **(2015)** hatten phytochemische Verbindungen mit entzündungshemmenden Eigenschaften aus den Blattextrakten von *Allophylus serratus* identifiziert und durch molekulares Docking nach Hemmstoffen des Enzyms Cyclooxygenase-2 gesucht. Die phytochemischen Verbindungen 1H-Benzocyclohepten, 2,4a,5,6,7,8-Hexahydro-3,5,5,9-Tetramethyl-, (R) und schweflige Säure, Dipentylester wurden mit AutoDock Vina einem Docking unterzogen. Die Ergebnisse zeigten, dass die Verbindungen mit einer Bindungsenergie von -8,9 KJ/mol, -8,4 KJ/mol bzw. -7,9 KJ/mol effektiv an COX-2 binden. Es wurde festgestellt, dass die phytochemischen Verbindungen aus Blattextrakten von *Allophylus serratus* eine starke hemmende

Wirkung auf das Enzym COX-2 haben, wenn sie mit dem bekannten entzündungshemmenden Medikament Diclofenac verglichen werden, und dass sie daher potenziell entzündungshemmende medizinische Werte haben[91] .

Syed *et al.* (2014) haben herausgefunden, dass das Lysyloxidase-Homolog 2 (LOXL2) an der Tumorprogression und Metastasierung verschiedener Karzinome beteiligt ist. Daher wurde LOXL2 als potenzielles therapeutisches Ziel angesehen. Die neuen chemotherapeutischen Leitmoleküle wie 4-Amino-5-(2-hydroxyphenyl)-1,2,4-triazol-3-thion (2a) und 4-(2-Hydroxybenzalidin)-amin-5-(2-hydroxy)-phenyl-1,2,4-triazol-3-thiol (2b) wurden durch Fusionsverfahren synthetisiert. Die Spektralanalyse dieser Triazolderivate wurde durch FTIR und NMR charakterisiert. Außerdem wurde dieses Modell anhand von Ramachandran-Diagrammen bewertet, und schließlich wurde eine Wirkstoff-Target-Analyse durch virtuelle Screening-Tools durchgeführt. Die Verbindungen (2a) und (2b) zeigten die optimale Zielbindungsaffinität mit -6,2 kcal/mol und -8,9 kcal/mol Bindungsenergie. Diese Übersichtsarbeit wird zum Verständnis der Entwicklung von Medikamenten beitragen und krebsverursachende Proteine präziser und schneller als bisher ins Visier nehmen[92] .

Literatur für die Pflanze *Musa paradiacica*

Sarah *et al.* (2020) untersuchten die antihyperglykämischen Wirkungen von *Musa* paradisiaca-Blättern und den hydroethanolischen Extrakten der Fruchtschalen sowie deren Wirkungsweise bei Nikotinamid/Streptozotocin-induzierten diabetischen Ratten. Bei Ratten wurde Diabetes mellitus induziert und die Extrakte wurden 28 Tage lang oral verabreicht (100mg/kg Körpergewicht/Tag). Die Behandlung von Nikotinamid/Streptozotocin-induzierten diabetischen Ratten mit Blatt- und Fruchtschalenextrakten verbesserte die gestörte orale Glukosetoleranz und erhöhte signifikant die gesenkten Seruminsulin- und C-Peptidwerte. Durch die Behandlung der diabetischen Ratten mit Blatt- und Fruchtschalenextrakten wurden die HOMA-IR, QUICKI und HOMA-β-Zellfunktion erhöht. Daraus wurde gefolgert, dass die hydroethanolischen Extrakte aus den Blättern und den

Fruchtschalen von *M. paradisiaca* antihyperglykämische Wirkungen haben, die möglicherweise durch ihre insulinotrope und insulinsensibilisierende Wirkung vermittelt werden[93] .

Khizar *et al.* (2019) bestimmten das antidiabetische und hypolipidemische Potenzial eines organischen Extrakts aus *Musa paradisiaca L.* und untersuchten die Mechanismen, die für die antidiabetische Wirkung der Pflanze verantwortlich sind. Alloxan wurde verwendet, um Diabetes mellitus in Raten zu induzieren. Zwei Standardmedikamente, Glibenclamid 2,5 mg/kg, Insulin 4 U/200 mg/dl Blutzucker und verschiedene Dosen des organischen Pflanzenextrakts aus verschiedenen morphologischen Teilen - 100 mg/kg, 250 mg/kg und 500 mg/kg - wurden den Gruppen gesunder und diabetischer Ratten 20 Tage lang oral verabreicht. Der organische Extrakt aus den Blüten von *Musa paradisiaca* und die Trachealflüssigkeit haben eine signifikante hypoglykämische Aktivität. Die Werte des schlechten Cholesterins wurden deutlich gesenkt, während die Werte des gesunden Cholesterins bei Diabetes-Ratten deutlich erhöht wurden. Außerdem kann der organische Extrakt aus *Musa* paradisiaca-Blüten und Trachealflüssigkeit die normale Morphologie der diabetischen Ratten wiederherstellen. Es wird geschlussfolgert, dass der organische Extrakt der Pflanze hypoglykämische und hypolipidämische Aktivitäten auslöst, möglicherweise durch die Wiederherstellung der normalen Morphologie und der Pankreasleistung bei diabetischen Ratten[94] .

Pritt *et al.* (2017) hatten die Wirkung von *Musa paradisica* auf den Serum- und Gewebesuperoxiddismutase (SOD)-Spiegel und die Histologie bei Kohlenstofftetrachlorid (CCl_4)-induzierten Leberschäden untersucht. Wister-Ratten wurde intraperitoneal 50% CCl_4 in Olivenöl injiziert. *Musa paradisica wurde* in verschiedenen Gruppen vor oder nach der Behandlung mit CCl_4 oral verabreicht. Vierundzwanzig Stunden nach der Injektion von CCl_4 wurden die Aktivitäten von Alanin-Aminotransferase (ALT) und Aspartat-Aminotransferase (AST) im Serum sowie die Superoxid-Dismutase (SOD)-Aktivitäten im Serum und in der Leber gemessen und die histologischen Veränderungen der Leber mikroskopisch untersucht. Die ALT- und AST-Aktivitäten im Serum sanken signifikant in einer dosisabhängigen Weise sowohl in den Gruppen vor als auch nach der Behandlung mit dem ethanolischen Pflanzenextrakt von *Musa paradisica*. Die vorliegende Studie zeigt, dass *Musa paradisica* hepatoprotektive Effekte gegen CCl_4 - induzierte Hepatotoxizität besitzt und dass die Effekte sowohl präventiv als auch kurativ sind. *Musa paradisica* sollte das Potenzial haben, ein neues Medikament zur Behandlung von Lebertoxizität[95] zu entwickeln.

Jayashree *et al.* (2016) untersuchten, dass die Blütenextrakte von zwei kultivierten Sorten von *Musa paradisiaca*. Kanthali und Kancha Kela wurden gegen die Enzyme a-Amylase, a-Glucosidase, Acetylcholinesterase, b-Glucuronidase und Angiotensin-I-Converting-Enzym getestet, die mit verschiedenen Krankheiten wie Diabetes, Alzheimer, Leber- und Herz-Kreislauf-Erkrankungen in Zusammenhang stehen. Die Extrakte hemmten alle Enzyme mit Ausnahme der a-Amylase. In beiden kultivierten Sorten der Blütenextrakte wurden im Vergleich zu den Standards Silymarin und Lisinopril signifikant hohe Aktivitäten bei der Hemmung der Enzyme b-Glucuronidase und Angiotensin I konvertierendes Enzym beobachtet. Die in den Methanolextrakten vorhandenen Phytokonstituenten wurden mit Hilfe eines GCMS-basierten Metabolomics-Ansatzes profiliert. Es wurden elf organische Säuren, sieben Zucker, Zuckeralkohole, sechs Fettsäuren, drei Phenole, zwei Aminosäuren und ein Sterol identifiziert[96] .

Meenashree *et al.* (2014) analysierten die phenolischen Verbindungen quantitativ mit der modifizierten Folin-Ciocalteu-Methode. Sie wurde mit Ethanol- (96 %), Aceton- und Petroletherextrakten aus frischen Bananenblättern durchgeführt. Die Gesamtphenolausbeute war bei Petrolether am höchsten, gefolgt von Aceton und Ethanol. Die Studie zeigte, dass das Blatt der *Musa acuminata* eine gute Quelle für phenolische Verbindungen ist, und die Blattextrakte wurden auf ihre antimikrobielle Wirkung hin untersucht. Alle drei Extrakte zeigten ausgezeichnete antimykotische Aktivitäten gegen zwei pathogene Pilze, aber keine antibakteriellen Aktivitäten[97] .

Sidiqat *et al.* (2013) hatten die antioxidativen Aktivitäten der wässrigen Extrakte der unreifen *Musa paradisiaca* bewertet und verglichen und die hemmende Aktivität auf die durch Natriumnitroprussid induzierte Lipidperoxidation in der Rattenpankreas *in vitro* Methode untersucht. 0,1 g/ml der wässrigen Extrakte des ausgewählten Pflanzenteils in den Formen roh, elastischer Teig, geröstet und gekocht wurden zur Bestimmung des Gesamtproteins, der DPPH, der Flavonoide und des Radikalfängers verwendet. Die Wirkung der Extrakte auf die durch Natriumnitroprussid induzierte Lipidperoxidation wurde festgestellt. Es wurde festgestellt, dass alle wässrigen Extrakte eine antioxidative Aktivität aufwiesen. Das gekochte Mehl hatte die höchste Fähigkeit, DPPH- und OH-Radikale zu fangen. Das rohe Mehl hatte die höchste Fe^{2+} chelatbildende Fähigkeit, Natriumnitroprussid hemmende Wirkung und den höchsten Vitamin C-Gehalt. Das elastische Gebäck wies den höchsten Gesamtphenol- und Gesamtflavonoidgehalt der antioxidativen Studie auf. Die gaschromatographische Charakterisierung der unreifen *M.* paradisiaca-Produkte auf ihren Polyphenolgehalt zeigte in den Spektren[98] unterschiedliche Mengen an Apigenin, Myrizetin, Capsaicin, Isorhaemnetin, Kaffeesäure, Kampferol, Shogaol, Quercetin, p-Hydroxybenzoesäure, Luteolin, Glycitein und Gingerol pro Produkt.

Azizah *et al.* (2011) fanden phytochemische Inhaltsstoffe und antioxidative Aktivitäten in den Blütenextrakten von *Musa paradisiaca heraus*. Die Extrakte aus verschiedenen Lösungsmitteln wie Petrolether, Chloroform, Ethanol und Wasser wurden untersucht und das Vorhandensein von Alkaloid, Saponin, Glykosid, Tannin, Flavonoid, Terpenoid und Steroid wurde untersucht. Phytochemische Studien an ausgewählten Blütenextrakten zeigten das Vorhandensein von Phytokonstituenten wie Alkaloiden, Glykosiden, Steroiden, Saponinen, Tanninen, Flavonoiden und Terpenoiden. Die quantitative Analyse (gravimetrische Methode) ergab, dass die Blüte von *M. paradisiaca* 1,56 ± 0,2 g/100 g und 1,43 ± 0,14 g/100 g Saponin bzw. Alkaloid enthält. Die Blütenextrakte enthalten 5,83 ± 0,78 g/100g Gesamtphenole, 88,31 ± 4,53 mg/100g Tannin und 3,98 ± 0,01 mg/100g Flavonoide, die mit der spektrometrischen Methode bestimmt wurden. Der DPPH-Radikalfängertest des Ethanolextrakts zeigte eine größere antioxidative Aktivität als der wässrige Extrakt, bei dem der IC_{50} Wert 1,01 ± 0,16 mg/ml bzw. 1,52 ± 0,13 mg/ml betrug[99] .

Ratna *et al.* (2011) wählten sechs Kultivare von *Musa paradicicus* aus und untersuchten sie auf den Gehalt an Polyphenolen und Flavonoiden. Die gesamten antioxidativen In-vitro-Aktivitäten der Blütenextrakte wurden mit dem Standard verglichen und als Trolox-Äquivalent ausgedrückt. Das Reduktionsvermögen, die 1,1-Diphenyl-2-Picrylhydrazyl- und 2,2-Azinobis-(3-Ethylbenzothiazolin-6-Sulfonsäure)-Radikalfänger-Aktivitäten ($ABTS^+$), die Hemmung der Lipidperoxidation in einem Linolsäure-Emulsionssystem und einem Liposomen-Peroxidationssystem wurden gemessen und mit den entsprechenden Standard-Antioxidantien verglichen. Die Bewertung der schützenden Wirkung der Bananenblütenextrakte gegen H_2O_2 -induzierte DNA-Schäden wurde mit der Eisen-vermittelten Fenton-Reaktion durchgeführt. Die Sorte Kacha enthält die maximale Menge an Polyphenol - 11,94 ± 0,03 mg Gallussäureäquivalent/g Trockengewicht und Flavonoid - 0,174 ± 0,001 g Quercetinäquivalent/g Polyphenol. Die Sorte Kacha hat die höchste antioxidative Gesamtkapazität, DPPH-Radikalfängeraktivität und $ABTS^+$ Radikalfängeraktivität mit einem EC_{50} Wert von 0,051 mg/ml. Diese Übersicht zeigt die Bedeutung der antioxidativen Aktivität von *Musa paradicicus*[100] .

Literatur für *Moringa olifera Pflanze*

Ajayi *et al.* (2020) untersuchten die Samen in Tiermodellen auf ihre das Serumlipidprofil verändernde Wirkung. Fünf Gruppen mit je fünf Tieren (120-150 g) wurden durch 10-wöchige Fütterung mit einer fettreichen Diät fettleibig gemacht. Das Basal-Lipidprofil wurde bestimmt. Die Behandlung erfolgte mit Methanolextrakten aus *Moringa* oleifera-Samen in einer Dosierung von 100 und 200 mg/kg Körpergewicht über 6 Wochen. Kontrollgruppen waren die mit Orlistat (50 mg/kg Körpergewicht) behandelten, unbehandelten und normal ernährten Gruppen. Die anti-hyperlipidämische Aktivität *in vivo* und ein Enzym-Anti-Lipase-Assay *in vitro* wurden jeweils bestimmt. Die Charakterisierung der isolierten Verbindungen und Derivate erfolgte durch spektroskopische Verfahren. Der Methanolextrakt aus *Moringa* oleifera-Samen konnte das Lipidprofil verändern, und es wurde eine Struktur-Aktivitäts-Beziehung zwischen der isolierten Verbindung und ihrem derivatisierten Analogon[101] beobachtet.

Maria *et al.* (2019) untersuchten die antioxidative Kapazität von *Moringa* oleifera-Samenextrakt in kryokonserviertem Widdersperma und die Auswirkungen des Extrakts auf die Spermieneigenschaften. Das Sperma von acht behaarten Widdern (vier Widder pro Probe) wurde entsprechend der Behandlung vor der Kryokonservierung in vier Gruppen eingeteilt: Kontrolle (kein Extrakt), 0,5 (M0,5), 5,0 (M5,0) und 10,0 (M10) mg/mL von *M. oleifera* Extrakt. Nach dem Auftauen wurden die antioxidative Aktivität (reduzierende antioxidative Kraft von Eisen, FRAP) und die Eigenschaften der Spermien (Lebensfähigkeit der Spermien, progressive Motilität, schnelle Motilität, langsame Motilität, Akrosomenschäden, Membranschäden und mitochondriale Aktivität) untersucht. Zusammenfassend lässt sich sagen, dass die Ergänzung von Widdersperma mit *M.* oleifera-Samenextrakt die antioxidative Aktivität, die Integrität der Spermienmembran, die Lebensfähigkeit und die progressive Motilität nach dem Auftauen verbessert. Dies deutet darauf hin, dass M. oleifera-Extrakt als Antioxidans verwendet werden könnte, um das Ergebnis der Kryokonservierung von Sperma zu verbessern[102] .

Ahamad *et al.* (2018) untersuchten die ovizide Wirkung verschiedener alkoholischer (methanolischer und ethanolischer) und wässriger Extrakte aus *Moringa* oleifera-Blättern auf nicht embryonierte und entwickelte Eier von *Fasciola gigantica*. Die getesteten Konzentrationen der Extrakte reichten von 12,5 bis 800 mg/ml. Als Referenzmedikament wurde Nitroxynil in einer Dosis von 100 mg/ml verwendet. Die alkoholischen und wässrigen Extrakte von *M. oleifera* zeigten eine konzentrationsabhängige ovizide Wirkung auf nicht embryonierte und entwickelte Eier von *F. gigantica*. Auf der Grundlage der LC-Werte$_{50}$ zeigte der Wasserextrakt die höchste ovizide Aktivität, da er die niedrigsten Werte von 2,6 mg/ml auf nicht-embryonierten Eiern aufwies. Nicht befruchtete Eier waren gegenüber dem wässrigen Extrakt empfindlicher als entwickelte Eier. Andererseits waren die entwickelten Eier anfälliger für den ethanolischen Extrakt als die nicht-embryonierten Eier, selbst bei der niedrigsten LC_{50} (12,38 mg/ml). Die Blattextrakte von *M. oleifera*, insbesondere der wässrige Extrakt, könnten ein vielversprechender Schritt auf dem Gebiet der Bekämpfung der Fascioliasis sein.

Weitere In-vivo-Studien sind erforderlich, um das therapeutische Potenzial von *M.* oleifera-Extrakten bei der Behandlung von *F.* gigantica-Infektionen zu erhellen[103].

Gonzalez ***et al.*** **(2017)** bewerteten die krampflösende Wirkung von *Moringa* oleifera-Blättern in unpolaren vs. polaren Extrakten anhand von Verhaltens- und elektroenzephalographischen Analysen bei Nagetieren. Pentylenetetrazol (PTZ), 80 mg/kg, i.p., induzierte tonisch-klonische Anfälle wurden mittels einer Dosis-Wirkungs-Bewertung (100, 200 und 300 mg/kg, i.p.) bei Mäusen untersucht. Anschließend wurde eine Dosierung der Extrakte (100 oder 300 mg/kg) und eines Metaboliten (30 mg/kg, i.p.) ausgewählt, um ihre Wirkung auf PTZ (35 mg/kg, i.p.) -induzierte EEG-paroxystische Aktivitäten bei Ratten im Vergleich zu den Wirkungen von Ethosuximid (Referenzantikonvulsivum, 100 mg/kg, i.p.) zu bewerten. Der latente Beginn der ersten paroxystischen Spitze, der erste Anfall und die Häufigkeit sowie die Schwere der Anfälle wurden anhand der Racine-Skala bestimmt. Die antikonvulsive Wirkung wurde in der Spektralanalyse durch die Potenz des EEG aufgrund einer Verringerung der Spikefrequenz und -amplitude sowie der Dauer und Schwere der Anfälle bestätigt. Die Wirkungen des Hexanextrakts ähnelten denen, die bei dem Referenz-Antiepileptikum Ethosuximid beobachtet wurden. Die Blätter von *M. oleifera* besitzen eine krampflösende Wirkung, die auf die Komplementarität der unpolaren und polaren Bestandteile[104] zurückzuführen ist.

Raujo ***et al.*** **(2015)** bewerteten die zytotoxischen und entzündungshemmenden Eigenschaften des wässrigen Samenextrakts, des von der Bevölkerung zur Wasseraufbereitung verwendeten Extrakts (in dieser Arbeit als verdünnter Samenextrakt bezeichnet) sowie der isolierten Lektine cmol und WSMoL. Die Daten zeigten, dass der wässrige Samenextrakt und cmol potenziell zytotoxisch für menschliche periphere mononukleare Blutzellen waren, während WSMoL und der verdünnte Samenextrakt nicht zytotoxisch waren. Der wässrige *M. oleifera-Samenextrakt* und die Lektine cmol und WSMoL waren schwach/mittelmäßig zytotoxisch für die Krebszelllinien NCI-H292, HT-29 und

HEp-2 und nicht hämolytisch für Mäuse-Erythrozyten. Die Bewertung der akuten Toxizität bei Mäusen ergab, dass der wässrige Samenextrakt (2.000 mg/kg) keine systemische Toxizität verursachte. Die histologische Analyse der Lunge zeigte, dass der Extrakt die Anzahl der Leukozyten reduzierte. Diese Studie zeigt, dass der nach volkstümlichem Gebrauch und WSMoL zubereitete Extrakt für Säugetierzellen nicht toxisch sein kann; der wässrige Samenextrakt und cmol können jedoch für Immunzellen zytotoxisch sein, was das immunsuppressive Potenzial des Extrakts erklären könnte[105] .

***Fahmy et al.* (2015)** bewerteten die antidiabetische Aktivität von *Moringa oleifera* Blattextrakt und drei seiner Wirkstoffe (Moringinin, Quercetin und Chlorogensäure). Alkoholische Extrakte aus *Moringa oleifera-Blättern*, Moringinin, Quercetin und Chlorogensäure wurden an durch Alloxan induzierten diabetischen Ratten getestet. Das Ziel wurde durch die Bestimmung des Glukosespiegels, des C-Peptids, der Leberfunktionstests, des Lipidprofils und einiger Marker für oxidativen Stress erreicht. Die Ergebnisse der vorliegenden Studie deuten darauf hin, dass der alkoholische Extrakt aus den Blättern von *Moringa oleifera* eine starke antidiabetische Wirkung hat und außerdem eine gute Quelle für natürliche Antioxidantien ist. Quercetin hat die größte potentielle antidiabetische Aktivität im Extrakt, gefolgt von Chlorogensäure und Moringinin; die drei Verbindungen sind zu einem großen Teil für die antidiabetische Aktivität des gesamten Extrakts verantwortlich[106] .

Sunday *et al.* (2010) zeigten, dass die Heilpflanzen sowohl chemopräventive als auch therapeutische Wirkungen auf Krebs und andere mit oxidativen Schäden verbundene Krankheiten haben. Verschiedene Teile von *Moringa oleifera* wurden auf den Polyphenolgehalt und das antioxidative Potenzial *in vitro* untersucht. Der Methanolextrakt der Blätter von *M. oleifera* enthielt Chlorogensäure, Rutin, Quercetin-Glucosid und Kaempferol-Rhamnoglucosid, während in der Wurzel- und Stammrinde mehrere Procyanidin-Peaks nachgewiesen wurden. Alle Extrakte zeigten *in vitro* eine starke antioxidative Aktivität mit dem Xanthinoxidase-Modellsystem. Die starke Radikalfänger-Kapazität wurde beobachtet, wenn die Extrakte auf ähnliche Weise bewertet wurden. Die Möglichkeit, dass diese hohe antioxidative und radikalfangende Kapazität Auswirkungen auf das krebsvorbeugende Potenzial der Pflanze hat, muss in Betracht gezogen werden[107] .

Literatur zu In-vitro-Enzyminhibitionsstudien

Pavithra *et al.* (2020) untersuchten die Enzymhemmung und das zytotoxische Potenzial des Blattextrakts von *Evolvulus alsinoides*. Die Phenole in der Pflanze wurden durch Kaltmazeration mit den Lösungsmitteln n-Hexan, Chloroform, Ethylacetat, Methanol und Wasser extrahiert und quantitativ analysiert. Die antioxidative Potenz wurde bei fünf Konzentrationen von 100-500 µg bewertet. Das Enzymhemmungspotenzial wurde mit α-Amylase, α-Glucosidase und Acetylcholinesterase in sieben Konzentrationen von 25 bis 500 µg untersucht. Seine antioxidative Aktivität wurde durch IC_{50} 52,43 ± 0,2 µg/mL (DPPH) und 41,58 ± 0,03 µg/mL (FRAP-Assay) bestätigt. Methanolischer Extrakt hemmt α-Amylase mit einem IC_{50} von 1,33 ± 0,05 µg/mL. Der Wasserextrakt hemmt α-Glucosidase und Acetylcholinesterase mit einem IC_{50} von 3,58 ± 0,02 µg/mL und 4,46 ± 0,03 µg/mL. Zytotoxizitätsstudien mit der SH-SY5Y-Zelllinie belegen das Hemmungspotenzial des Wasserextrakts mit einem IC_{50} von 103,0035 µg/mL. Es wurden Extrakte mit starker antioxidativer und enzymhemmender Aktivität ermittelt. Die Extrakte sollen in zukünftigen Studien auf ihr pharmazeutisches Potenzial[108] untersucht werden.

Zineb *et al.* (2019) haben das antioxidative Potenzial von *Cupressus* sempervirens-Extrakten bestimmt und die hemmende Wirkung des Enzyms α-Amylase bewertet. Die antioxidativen Eigenschaften wurden mittels Phosphomolybdän und DPPH-Assay bewertet und die α-Amylase-Hemmaktivität wurde spektrophotometrisch untersucht. Die Ergebnisse zeigten, dass alle Extrakte eine hohe Reduktionsaktivität gegenüber Butylhydroxyanisol (BHA) aufweisen, wobei die Werte für die ascorbinsäureäquivalente antioxidative Kapazität (AEAC) zwischen 789,04 ± 32,47 und 28,18 ± 3,09 mM lagen, während die größte Radikalfängeraktivität bei der Ethylacetatfraktion mit IC_{50} -10 µg/ml zu verzeichnen war. Die α-Amylase hemmende Enzymaktivität, Ethylacetatfraktion der Früchte zeigte die höchste α-Amylase hemmende Aktivität (43,35 %). Während die Hemmungsmuster der Ethylacetatfraktion der Früchte (EFF) und des

Ethylacetatanteils des Tanninextrakts der Blätter (EFT) vom konkurrierenden Typ waren[109].

Kader *et al.* (2019) untersucht, dass Acetylcholinesterase und Butyrylcholinesterase wichtige Zielenzyme für die Alzheimer-Krankheit sind. Die übermäßige Aktivität dieser Enzyme kann insbesondere bei neurodegenerativen Erkrankungen zu ernsten Problemen führen. Da die derzeit von der FDA zugelassenen Medikamente gegen die Alzheimer-Krankheit einige schwerwiegende unerwünschte Wirkungen haben, ist die Identifizierung neuartiger Gerüste für niedermolekulare Therapeutika für diese Krankheit sowohl in der akademischen Welt als auch in der pharmazeutischen Industrie immer noch ein heißes Thema. Zu diesem Zweck wurde in der aktuellen Arbeit eine rechnergestützte Pipeline-Methode zur Vorhersage der Bindungsaffinitäten der untersuchten Verbindungen an den spezifischen Zielseiten entwickelt. Auf der Grundlage der MM/GBSA-Scores sowie der entsprechenden Docking-Scores und Metabolitenproduktionsprofile wurden schließlich 7 Verbindungen ausgewählt und ihre *In-vitro-Tests* durchgeführt. Von den sieben Verbindungen zeigten sechs eine Hemmung sowohl für die AChE- als auch für die BuChE-Targets. Die Erfolgsquote der entwickelten Methode lag bei 86 %[110].

Ting *et al.* (2018) berichteten, dass die wichtigsten chemischen Inhaltsstoffe in Pflanzen der Gattung *Peganum* eine Reihe von β-Carbolin- und Chinolin-Alkaloiden sind. Diese Alkaloide wurden mittels der In-vitro-Ellman-Methode quantitativ auf ihre selektive Hemmwirkung auf Acetylcholinesterase und Butyrylcholinesterase untersucht. Die Ergebnisse zeigten, dass Harman der stärkste selektive AChE-Inhibitor mit einem IC_{50} von 7,11 ± 2,00 μM und einem AChE-Selektivitätsindex (SI, IC_{50} von BuChE und IC_{50} von AChE) von 10,82 war. Vasicin war der stärkste BuChE-Inhibitor mit einer dualen AChE- und BuChE-Hemmaktivität, mit einem IC_{50} gegenüber AChE und BuChE von 13,68 ± 1,25 und 2,60 ± 1,47 μM und einem AChE SI von 0,19. Die Analyse und der Vergleich der IC_{50} und SI dieser Chemikalien zeigten, dass die β-Carbolinalkaloide eine stärkere AChE-Hemmung, aber eine geringere BuChE-Hemmung als Chinolinalkaloide aufweisen. Die Analyse der quantitativen SAR dieser untersuchten Verbindungen könnte eine Orientierungshilfe für das Design und die Synthese von AChE- und BuChE-Inhibitoren sein[111] .

Suman *et al.* (2016) fanden heraus, dass der Abbau von Acetylcholin im zentralen Nervensystem für Gedächtnisverlust und kognitive Defizite verantwortlich ist. In der aktuellen Studie wurde die Anti-Acetylcholinesterase-Aktivität eines wässrigen Extrakts aus *Unicaria* tomentosa-Rinde untersucht. Die In-vitro-Studie eines wässrigen Extrakts aus *U. tomentosa* zeigte eine maximale Hemmung von 76,2±0,002 % bei einer Endkonzentration von 0,4mg/ml mit einem IC_{50} = 0,112 mg/ml. Der Mechanismus der Hemmung wurde durch eine kinetische Studie aufgeklärt, die eine gemischte Art der Hemmung zeigte, was auf das Vorhandensein verschiedener Phytokonstituenten wie Oxindolalkaloide in einem wässrigen Extrakt zurückzuführen sein könnte. Auf der Grundlage der Struktur der Phytokonstituenten von *U. tomentosa* wurde eine *in silico* Molekular-Docking-Studie gegen das AChE-Protein durchgeführt, um die Ergebnisse zu validieren [112] .

Lakshmi *et al.* (2015) haben die hemmende Aktivität der Acetylcholinesterase mit dem ethanolischen Samenextrakt *Acacia catechu* bewertet. Die hemmende Aktivität (IC_{50} Werte, µg /ml) der Extrakte betrug 204,38 ± 2,54 µg/ ml. Die Ergebnisse zeigen deutlich die traditionelle Verwendung des ethanolischen Samenextrakts von *Acacia catechu* zur Behandlung von Störungen des zentralen Nervensystems. Er zeigte eine mäßige Aktivität bei der Hemmung der Acetylcholinesterase in verschiedenen Konzentrationen. Es sind jedoch weitere Untersuchungen zur Identifizierung der aktiven Komponenten in den Extrakten erforderlich[113] .

***Sindhu et al.* (2013)** untersuchten die hemmende Wirkung von methanolischen Extrakten aus *Artocarpus altilis, Cinnamomum zeylanicum, Piper betel* und *Artocarpus heterophyllus* auf die Alpha-Amylase von Weizen und die Alpha-Glucosidase von Bäckerhefe bei unterschiedlichen Konzentrationen.

Diabetes mellitus ist ein klinischer Zustand, der durch eine Hyperglykämie gekennzeichnet ist, bei der eine erhöhte Menge an Glukose im Blutplasma zirkuliert. Der Alpha-Amylase-Hemmtest zeigte, dass die methanolischen Extrakte von Cinnamomum zeylanicum (130,55 µg/mL), *Artocarpus altilis* (118,88 µg/mL), *Piper betel* (84,63 µg/mL) und *Artocarpus heterophyllus* (70,58 µg/mL) bei den genannten Konzentrationen eine 50%ige Alpha-Amylase-Hemmaktivität aufwiesen. Der IC-Wert der Alpha-Glucosidase$_{50}$ für die Pflanzenextrakte von *A. altilis, A. heterophyllus, C. zeylanicum* und *Piper betel* wurde mit 129,85±10,2 9, 76,90±9,55, 140,01±10,08 bzw. 96,56±12,93 µg/ml ermittelt. Die Ergebnisse der Arbeit weisen also eindeutig auf das Potenzial dieser Extrakte zur Behandlung von Hyperglykämie hin[114] .

ZIEL UND ZWECK

Die fortschreitende Degeneration des ZNS-Systems verursacht Neurodegeneration. Die neuronalen Zellen werden geschädigt, was zu pathologischen Veränderungen führt, und in diesem Bereich wurden viele experimentelle Arbeiten zur Behandlung von neurodegenerativen Störungen durchgeführt. Ein neuerer Ansatz für die Behandlungsstrategien der Neurodegeneration beinhaltet den Einsatz von neuroprotektiven Wirkstoffen, um den neuronalen Zelltod zu verhindern. Eine wirksame Therapie ist jedoch nach wie vor schwer zu finden.

Eine Reihe natürlicher Pflanzen wurde als Hirntonikum verwendet, das hilft, geschwächte Zustände wiederherzustellen. Auch allopathische Medikamente wie Memantin und Donepezil wurden zur Behandlung von neurodegenerativen Erkrankungen eingesetzt, doch sind ihre Nebenwirkungen hoch. Pflanzliche Präparate haben im Vergleich zu allopathischen Medikamenten geringere Nebenwirkungen. Daher geht die Suche nach einem Medikament zur Behandlung neurodegenerativer Erkrankungen ohne Nebenwirkungen in der heutigen Zeit weiter.

Acetylcholinesterase und Butrylcholinesterase sind die Enzyme, die den Acetylcholinspiegel regulieren. Beide spielen eine wichtige Rolle im Stoffwechsel der Cholinesterase. Diese Enzyme spalten das Acetylcholin in Cholin und Essigsäure auf. Die aktiven Phytokonstituenten in den Blättern von *Moringa oleifera* und den Blüten von *Musa paradisiaca* wurden ausgewählt, die das Potenzial haben, Cholinesterase zu hemmen. In der vorliegenden Studie wurde daher die *in silico* und *in vitro* neuroprotektive Aktivität der Blätter von *Moringa oleifera* und der Blüten von *Musa paradisiaca* auf die hemmende Wirkung von Acetylcholinesterase und Butrylcholinesterase zu untersuchen.

Ziel der Arbeit ist es, die Arzneimittelähnlichkeit und die ADMET-Eigenschaften der Phytokonstituenten in den ausgewählten Pflanzen mit Hilfe von *in silico* AutoDock 4.2 zu bestimmen und einen *in vitro* AChE- und BuChE-Enzyminhibitionstest für die ausgewählten Pflanzenextrakte gegen den Standard Rivastigmin durchzuführen.

ARBEITSPLAN

I. Literaturübersicht

II. Sammlung und Authentifizierung von Blättern von *Moringa oleifera* und Blüten von *Musa paradisiaca.*

III. Identifizierung der Phytokonstituenten der ausgewählten Pflanzen anhand einer Literaturübersicht.

IV. Bestimmung der Wirkstoffähnlichkeit und der ADMET-Eigenschaften der Phytokonstituenten in den ausgewählten Pflanzen mit der Software Molinspiration.

V. Untersuchung des *in silico* molekularen Dockings der Phytokonstituenten mit Autodock 4.2 gegen die Enzyme Acetylcholinesterase und Butrylcholinesterase.

VI. Herstellung von wässrigen und ethanolischen Extrakten aus den Blättern von *Moringa oleifera* und den Blüten von *Musa paradisiaca.*

VII. Phytochemisches Screening der wässrigen und ethanolischen Extrakte der ausgewählten Pflanzen.

VIII. Untersuchung der *in vitro* Acetylcholinesterase- und Butrylcholinesterase-Hemmwirkung der Blätter von *Moringa oleifera* und der Blüten von *Musa paradisiaca*

IX. Tabellarische Darstellung der Ergebnisse

X. Statistische Analyse

MATERIALIEN UND METHODEN

Sammlung von Pflanzenmaterial

Die Blätter von *Moringa oleifera* und die Blüten von *Musa paradisiaca*, die in dieser Studie verwendet wurden, wurden im Januar 2020 in Alappuzha (Kerala) und Karur (Tamil Nadu), Indien, gesammelt. Es wurde ein Herbarium mit den wichtigsten Merkmalen der Pflanzen erstellt und zur Authentifizierung eingereicht. Die Pflanze wurde von **Dr. C. Murugan**, dem leitenden Wissenschaftler des Botanical Survey of India, Tamil Nadu Agricultural University Campus, Coimbatore, authentifiziert.

Das Belegexemplar erhielt den Code **BSI/ SRC/ 5/ 23/ 2020/ Tech/527** (*Moringa oleifera)* und **BSI/ SRC/ 5/ 23/ 2020/ Tech/ 526** (*Musa paradisiaca*), datiert am **09.06.2020.**

Chemikalien und Reagenzien

Acetylcholinesterase, Butrylcholinesterase, Acetylthiocholinjodid, Butrylthiocholinjodid, Ellman-Reagenz, Tris-HCL-Puffer, DTNB, Rivastigmin, Wasser, Ethanol und andere erforderliche Chemikalien wurden von Sigma Aldrich, USA, beschafft.

Erforderliche Instrumente

Semiautomatischer Analysator (Agappe Diagnostics Ltd., Mumbai), digitale Waage (Sartorius Ltd., USA), Inkubator (Technico), Shimadzu-Jasco V-630 UV/Vis-Spektrophotometer, ELCO 1/27 pH-Meter.

In-silico-Studien zur Wechselwirkung von Phytokonstituenten mit Cholinesterase-Enzymen

In der Studie verwendete Software

- Accerlys discovery studio viewer 4.0.1
- Molinspiration
- RCSB-Protein-Datenbank
- Online SMILES-Übersetzer
- MGL-Werkzeuge.

- AutoDock 4.2
- Python 2.7
- PMV Molekül-Viewer 1.5.6
- Vision 1.5.6
- Cygwin 64

- ChemSketch
- Molinspiratin
- Vor ADMET

Ähnlichkeitseigenschaften von Arzneimitteln

Konzepte zur Ähnlichkeit von Arzneimitteln sind für die Optimierung und pharmakokinetische Forschung während der Arzneimittelentwicklung hilfreich. Gegenwärtig gibt es molekulare Beschreibungsmethoden wie die "Rule-of-Five" zur Vorhersage und Klassifizierung der Merkmale der Löslichkeit, chemischen Stabilität und Bioverfügbarkeit von Arzneimitteln. Die Bewertung besteht darin, die Arzneimittelähnlichkeit von Verbindungen durch die Analyse biologisch relevanter Parameter zu beurteilen.

Die molekularen Deskriptoren wurden als rational prädiktiv und informativ entwickelt, z. B. die Lipinski-Fünf-Regel. Die bessere orale Absorption der Liganden und die Scores für die Arzneimittelähnlichkeit wurden durch Informationen über Löslichkeit, Diffusion, Log P, Molekulargewicht usw. ermittelt. Diese arzneimittelähnlichen Eigenschaften, d. h. die strukturellen und physikochemischen Eigenschaften, ergänzen ein Pharmakophor, ohne das Pharmakophor zu beeinträchtigen, und verleihen der neuen Verbindung ein ausreichendes pharmakokinetisches Verhaltenspotenzial. Die Software Molinspiration wurde verwendet, um die Lipinski-Regel von fünf[115] zu bewerten.

Lipinskis 5er-Regel

1) Für die Verwendung der Molinspiration-Software ist JAVA erforderlich.
2) Besuchen Sie die Homepage unter http://www.molinspiration.com/.
3) Wählen Sie "Berechnung der molekularen Eigenschaften des Arzneimittelbildes".

4) Zeichnen Sie die Struktur der Phytokonstituenten in das aktive Fenster.

5) Wählen Sie die Optionen "Eigenschaften berechnen" und "Bioaktivität vorhersagen".

6) Speichern Sie die angezeigten Eigenschaften.

ADMET-Eigenschaften

Die ADMET-Studien wurden mit Hilfe der Software PreADMET durchgeführt. In dieser Studie wurden Scoring-Funktionen unter dem Namen ADMET-Scores vorgeschlagen, mit denen die Drogenähnlichkeit einer Verbindung anhand der Absorption, Verteilung und des Metabolismus der ausgewählten Liganden bewertet werden kann. Mit Hilfe der ChemSketch-Software wurden die 2D-Strukturen in die PreADMET-Software eingegeben, um das ADMET-Screening durchzuführen. Die Daten für die Deskriptoren sind Blut-Hirn-Schranke (BBB), Plasmaproteinbindung, wässrige Löslichkeit, Hautpermeabilität, Hepatotoxizität usw. Nach dem Laden der Struktur durch das Funktionsmodell wurden verschiedene Deskriptoren tabellarisch dargestellt[116] .

IN SILICO DOCKING STUDIE ÜBER ACETYLCHOLINESTERASE UND BUTRYLCHOLINESTERASE ENZYM MIT AUTODOCK 4.2

Identifizierung von Enzymen für das In-silico-Docking

Die Kristallstruktur von Acetylcholinesterase (AChE) (PDB ID: 6O50) [Abb. 10] und Butrylcholinesterase (BuChE) (PDB ID: 5K5E) [Abb. 11] wurden aus der Proteindatenbank der Forschungskollaboration für strukturelle Bioinformatik (RCSB) entnommen. Das verfeinerte Protein wurde für weitere In-silico-Studien verwendet.

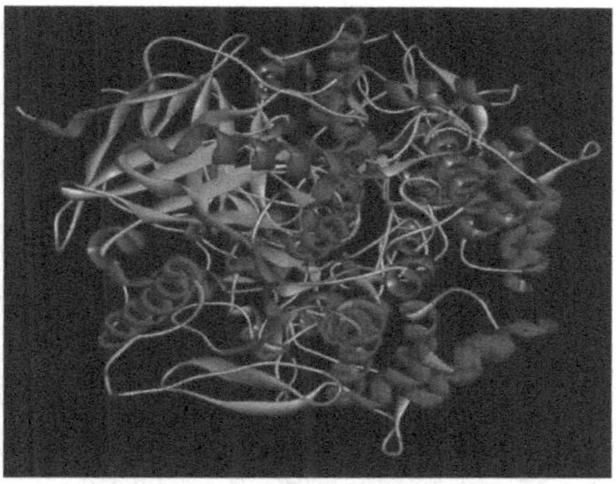

Abb. 10: Verfeinerte Struktur des Enzyms Acetylcholinesterase aus RCSB-PDB (6O50)

1. Aufreinigung der Proteinstruktur

Acetylcholinesterase-Enzym, heruntergeladen von der RCSB (Research Collaboratory for Structural Bioinformatics)-Protein-Datenbank. Das Protein wurde vor der Verwendung für das Docking verfeinert.

Dies sind die folgenden Schritte:

- Öffnen Sie das aus der RCSB-PDB heruntergeladene ausgewählte Protein im Accerlys Studio Viewer
- Klicken Sie auf: **-Ansicht** und dann auf: -Hierarchie
- Anklicken: - Wassermolekül und Wählen: - Ausschneiden
- Wählen Sie aus: - Ligand, der unnötig ist: - Schnitt
- Molekül speichern

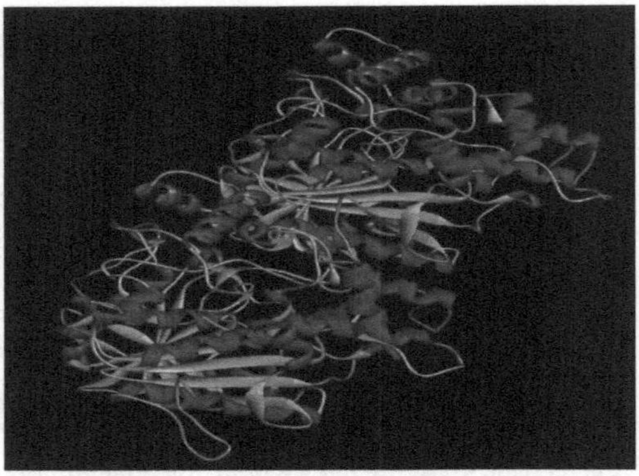

Abb.11: Verfeinerte Struktur des Enzyms Butrylcholinesterase aus RCSB-PDB (5K5E)

2. Konvertierung der Ligandendatei in das pdb-Format

- Die Liganden sind in ChemSketch gezeichnet
- Werkzeuge: - Klicken Sie auf SMILES-Notation erzeugen (Simplified Molecular Input Line Entry System, ein Dateiformat)
- Speichern Sie die SMILES in einem Word-Dokument
- Öffnen Sie den Online-Smiles-Übersetzer (cactus.nci.nih.gov/services/translate)
- Hochladen der SMILES

Durch Auswahl des gewünschten Dateiformats (pdb) und Speichern der Datei im pdb-Format (z. B. ligand.pdb) ermöglicht "Online smiles translator" dem Benutzer die Konvertierung von SMILES in PDB-, MOL-, SDF- und Smile-Textdateiformate. So wurde das ausgewählte Ligandenmolekül des kanonischen Smile-Formats in das pdb-Format konvertiert. Die konvertierten Ligandendateien und Dockingdateien wurden in AutoDock verwendet.

3. Andocken mit AutoDock 4.2

In AutoDock4.2 wurde die gesamte Docking-Berechnung mit dem verfeinerten Protein und dem gewünschten Liganden im pdb-Format durchgeführt.

a) Zubereitung von Eiweiß

▪ In AutoDock 4.2, Datei öffnen: -Klicken Sie auf Molekül lesen: - Wählen Sie die Datei mit dem gereinigten Enzym aus.

▪ Die Beseitigung des Wassers erfolgt in den folgenden Schritten.

- Drücken Sie Option wählen
- Klicken Sie auf die Option Aus Zeichenfolge auswählen
- Geben Sie dann HOH* in die Zeile Residue und * in die Zeile Atom ein.
- Klicken Sie auf Hinzufügen: - wählen Sie keine neue Auswahl aus und schließen Sie dann.

▪ Die Addition der Wasserstoffe erfolgte durch,

- Drücken Sie: - Option bearbeiten: - Wasserstoffe: - Hinzufügen
- Wählen Sie: - Alle Wasserstoff, Keine Bindungsreihenfolge und Ja zur Umnummerierung: - Klicken Sie auf Ok.

▪ Klicken Sie auf die Option Bearbeiten: - fügen Sie die Kollmann-Gebühren hinzu.

▪ Speichern Sie dann das Enzymmolekül als 'enzyme.pdb'.

▪ Wählen Sie Bearbeiten: - Löschen: - Alle Moleküle löschen

b) Vorbereitung des Liganden

▪ Öffnen Sie die Ligandendatei: - Klicken Sie auf Eingabe und wählen Sie die passende Ligandendatei und: - öffnen.

▪ Die Torsionen werden in folgenden Schritten konstruiert,

- In der Option Ligand: - Torsionsbaum auswählen: - Option Wurzel erkennen: - Torsionsbaum
- Wählen Sie dann die Option "Torsionen wählen".

▪ Klicken Sie auf den Torsionsbaum: - Wählen Sie Anzahl der Torsionen festlegen

▪ Anzahl der drehbaren Bindungen wird gewählt.

▪ Speichern Sie die Ligandendateien, indem Sie die Ausgabeoption (pdbqt-Datei) wählen.

▪ Wählen Sie Bearbeiten: -Löschen: -Löschen Sie alle Moleküle.

c) **Konvertierung von Pdb-Dateien in pdbqt-Protein-Dateien**

▪ Wählen Sie die Option Raster und öffnen Sie die Makromolekül-pdb-Datei.

▪ Auto-Dock fügt die Ladungen hinzu und führt die Wasserstoffatome selbst zusammen.

▪ Speichern Sie das Objekt als pdbqt im gewünschten Bereich.

d) **AutoGrid-Berechnung und Erzeugung von "gpf"-Dateien**

▪ Öffnen Sie: - Gitter und klicken Sie auf die Option Makromolekül: - Wählen Sie das starre Protein und dann Ja, um die vorhandenen Ladungen zu erhalten.

▪ Die Vorbereitung der Rasterdatei erfolgt durch,

- Raster öffnen: - Kartenarten festlegen: - Ligand auswählen: - Akzeptieren.

▪ Einstellung der Gittereigenschaften,

- Offenes Raster
- Wählen Sie das Feld Raster
- Stellen Sie die richtigen Rasterabmessungen ein (60.60.60, 90.90.90, 120.120.120)
- Einstellen der Abstände
- Wählen Sie die Datei und
- Klicken Sie auf Close Saving Current.

▪ Speichern Sie die Gittereinstellungen als "gpf-Datei" in der Eingabeoption (ligand.gpf).

▪ Nach der Ausführung der Rasterdatei wird die Ausgabe automatisch als 'glg'-Datei gespeichert

e) **AutoDock-Berechnung und Erstellung der "dpf"-Datei:**

▪ Die Spezifikation der starren Moleküle erfolgt durch,

- Wählen Sie die Option Andocken: - Klicken Sie auf das Makromolekül: - Legen Sie den starren Dateinamen fest .

▪ Die Ligandenspezifikation erfolgt durch,

- Klicken Sie auf die Option Andocken: - Wählen Sie den Liganden aus: - Akzeptieren Sie ihn dann.

▪ Im nächsten Schritt klicken Sie auf die Option "Andocken" und wählen Sie "Suchparameter", dann klicken Sie auf "Genetischer Algorithmus" und akzeptieren ihn schließlich.

▪ Klicken Sie auf Andockoptionen: - Wählen Sie Docking-Parameter: - Wählen Sie die Standardeinstellungen.

▪ Klicken Sie auf die Option Andocken: -Wählen Sie die Ausgabe und fügen Sie den Lamarckschen genetischen Algorithmus (LGA) hinzu .

▪ Speichern Sie die angedockten Einstellungen als 'dpf'-Datei in der Eingabeoption (ligand.dpf)

▪ Nach dem Ausführen der angedockten Datei wird die Ausgabe automatisch als "dlg"-Datei gespeichert.

f) Programmierung der Ausführung von "AutoGrid" und "AutoDock":

▪ Öffnen Sie Cygwin und geben Sie die unten angegebenen Daten ein:

- cd c:
- cd cygwin64
- cd usr
- cd local
- cd bin

▪ Das Programm sollte die pdb-, pdbqt-, gpf- und dpf-Dateien eines Enzyms und eines Ligandenmoleküls auflisten .

❖ Dann tippen Sie als:

./autogrid4.exe<space> -p <space>ligand.gpf-l <space>ligand.glg

Wenn ein Ligand in den Abstand des Gitters gerät, wird die Ausführung dieses Befehls sein: '*Erfolgreicher Abschluss*'.

❖ Dann tippen Sie als:

./autodock4.exe<space> -p <space>ligand.dpf-l <space>ligand.dlg

Wenn der Ligand in 10 verschiedenen Konformationen an die Aminosäuren bindet, lautet die Empfehlung: '*Erfolgreicher Abschluss*'.

4. So zeigen Sie die Docking-Ergebnisse an

A. Lesen der Docking-Log-Datei dlg

- Umschalten der Schaltfläche AutoDock Tools
- Klicken Sie auf Analysieren und Andocken öffnen
- Klicken Sie auf die Option Analyse und Konformationen und dann auf Laden.
- Doppelklicken Sie auf die Konformation, um sie anzuzeigen

B. Visualisierung angedockter Konformationen

- Klicken Sie auf Analyse und Andocken und spielen Sie dann
- dlg-Datei laden
  - Wählen Sie die geeigneten Konformationen
  - Klicken Sie auf Analyse und Docking und dann auf Interaktionen anzeigen

C. Schnappschüsse der angedockten Pose erhalten

- Öffnen Sie die Datei und lesen Sie das Molekül
- Öffnen Sie Analyse→ Klicken Sie auf Andocken und dlg-Datei öffnen
- Öffnen Sie Analyse→ Klicken Sie auf Makromolekül und wählen Sie die Datei pdbqt
- Öffnen Sie Analyse→ Klicken Sie auf Conformations und Load
- Doppelklicken Sie auf die gewünschte Konformation
- Klicken Sie auf Analyse und Docking und dann auf Interaktionen anzeigen

Proteine und Ligandeninteraktion wurden angezeigt. Zoomen Sie es und erhöhen Sie den Kontrast, indem Sie die rechte Taste und die Strg-Taste gedrückt halten. Eine schnelle Energiebewertung wurde durch die Vorberechnung der atomaren Ähnlichkeitspotentiale für jedes Atom in den ausgewählten Liganden erreicht. Beim AutoGrid-Verfahren wurde das Ziel auf einem dreidimensionalen Gitterpunkt eingeschlossen, und die Energie der Schnittstelle jedes Atoms im Liganden wurde ermittelt. Für den genetischen Lamarck'schen Algorithmus wurden folgende Docking-Faktoren gewählt: Populationsgröße von 150 Individuen, 2,5 Millionen Energiebewertungen, maximal 27000 Generationen und eine Anzahl von Top-Individuen, die automatisch die nächste Generation überleben, von 1, eine Mutationsrate von 0,02, eine Crossover-Rate von 0,8, 10 Docking-Durchläufe und zufällige Anfangspositionen und Konformationen. Die Wahrscheinlichkeit, eine lokale Suche an einer einzelnen Verbindung in der Population durchzuführen, wurde auf 0,06 festgelegt. AutoDock wurde mehrmals ausgeführt, um verschiedene angedockte Konformationen zu erhalten, und zur Berechnung der vorhergesagten Bindungsenergie[117,118] verwendet.

Herstellung von Pflanzenextrakten

✓ ***Wässriger Extrakt aus Moringa oleifera***

Frisch gesammelte *Moringa olifera* Blätter wurden gereinigt und in kleine Stücke geschnitten. Dann wurden sie getrocknet und pulverisiert. 30 g des Pulvers wurden gewogen und in ein großes Becherglas gegeben und 1 Stunde lang mit einem Magnetrührer umgerührt. Die Lösung wurde 24 Stunden lang gerührt und dann mit Whatsman-Filterpapier gefiltert. Die gefilterte Lösung wurde dann im Heißluftofen bei 60°C getrocknet. Schließlich wurde die getrocknete Form des Extrakts gesammelt[119].

✓ ***Ethanolischer Extrakt aus Moringa oleifera***

Die Blätter von *Moringa oleifera* wurden gewaschen und getrocknet. Sie wurden sieben Tage lang im Schatten bei 30°C getrocknet. Nach dem Trocknen wurden die Blätter mit einem mechanischen Mixer porös gemahlen und anschließend gesiebt (40 Mesh). Das getrocknete Pulver wurde bis zur Analyse in luftdichten Behältern aufbewahrt. Etwa 1000 g des Pulvers wurden in altes 95 %iges Ethanol gegeben und 48 Stunden lang bei 60 bis 80 °C bebrütet. Die Extrakte wurden mit Whatsman-Filterpapier Nr. 1 gefiltert und der Extrakt wurde im Wasserbad aufbewahrt, um einen Rohextrakt zu erhalten, der einem phytochemischen Screening unterzogen wurde[120].

✓ ***Wässriger Extrakt aus Musa paradisiaca***

Frisch gesammelte *Musa* paradisiaca-Blüten wurden gereinigt und in kleine Stücke geschnitten. Dann wurden sie getrocknet und pulverisiert. 30 g des Pulvers wurden gewogen und in ein großes Becherglas gegeben und 1 Stunde lang mit einem Magnetrührer umgerührt. Die Lösung wurde 24 Stunden lang gerührt und dann mit Whatsman-Filterpapier gefiltert. Die gefilterte Lösung wurde anschließend im Heißluftofen bei 60°C getrocknet. Schließlich wurde die getrocknete Form des Extrakts gesammelt[119] .

✓ ***Ethanolischer Extrakt aus Musa paradisiaca***

Der Blütenstand der *Musa paradisiaca* wurde gewaschen und getrocknet. Er wurde in Blüten und Hüllblätter getrennt und sieben Tage lang bei 30°C im Schatten getrocknet. Nach dem Trocknen wurden die Blüten und Hüllblätter mit einem mechanischen Mixer porös gemahlen und anschließend gesiebt (40 Mesh). Das getrocknete Pulver wurde bis zur Analyse in luftdichten Behältern aufbewahrt. Etwa 1000 g des Pulvers wurden in altes 95 %iges Ethanol gegeben und 48 Stunden lang bei 60 bis 80 °C bebrütet. Die Extrakte wurden mit Whatsman-Filterpapier Nr. 1 gefiltert und der Extrakt wurde im Wasserbad aufbewahrt, um einen Rohextrakt zu erhalten, der einem phytochemischen Screening unterzogen wurde[120] .

Phytochemisches Screening von Pflanzenextrakten

Die Pflanzenextrakte wurden einem qualitativen Test zur Identifizierung verschiedener phytochemischer Inhaltsstoffe wie Alkaloide, Glykoside, Steroide, Triterpenoide und Flavonoide gemäß den Standardverfahren[121] unterzogen.

A. Test auf Kohlenhydrate

➢ ***Der Molisch-Test:***

Die Extrakte wurden mit einigen Tropfen Molisch-Reagenz (Alpha-Naphthol) gemischt und konzentrierte Schwefelsäure wurde von den Seiten des Reagenzglases zugegeben. Eine violettfarbene Ringbildung an der Verbindungsstelle weist auf das Vorhandensein von Kohlenhydraten hin[121] .

➢ ***Fehling-Test:***

Ein gleiches Volumen von Fehling's A und Fehling's B wurde gemischt (jeweils 1 ml) und 2 ml Extrakte wurden hinzugefügt und anschließend 5-10 Minuten im Wasserbad gekocht (Fehling's A Lösung besteht aus 0,5 % Kupfersulfat und Fehling's B Lösung aus Natriumkaliumtartrat). Die Bildung eines rotbraun gefärbten Niederschlags (aufgrund der Bildung von Kupferoxid) weist auf die Anwesenheit von reduzierendem Zucker hin[121] .

- ***Benedikts Test:***

Es wird für den Test von reduzierenden Zuckern und dem Benedict-Reagenz verwendet, das hauptsächlich aus Kupfersulfat und Natriumhydroxid besteht. Etwa 4 ml der Extrakte werden mit 1 ml Benedict-Lösung versetzt und fast bis zum Sieden erhitzt. Es bilden sich grüne, gelbe, orange, rote oder braune Farben in der Reihenfolge der zunehmenden Konzentration von Einfachzucker in der Testlösung (aufgrund der Bildung von Kupferoxid)[121] .

B. Test auf Proteine und Aminosäuren

- ***Biuret-Test:***

Den Extrakten in heißem Wasser wurden einige Tropfen Biuret-Reagenz (Kaliumhydroxid, Kupfersulfat und Natriumkaliumtartrat) zugesetzt, das das blaue Reagenz violett färbt. Im Labor können auch einige Tropfen einer 0,5%igen Kupfersulfatlösung zu dem Extrakt gegeben werden[121] .

- ***Der Millon-Test:***

Der Millon-Test ist in der Regel für jede Verbindung, die eine phenolische Hydroxylgruppe enthält, positiv. Das Millon-Reagenz ist eine Lösung von quecksilberhaltigen und quecksilberhaltigen Ionen in Salpetersäure und salpetriger Säure. 1 ml der Extrakte wurde in ein Reagenzglas gegeben und mit einigen Tropfen Millon-Reagenz versetzt. Die Bildung eines weißen Niederschlags, der sich nach 5-minütigem Erhitzen im Wasserbad rot färbt, weist auf eine positive Reaktion hin (aufgrund der Bildung eines Quecksilbersalzes der nitrierten Aminosäure)[121] .

- ***Ninhydrin-Test:***

Dieser Test wird hauptsächlich zum Nachweis von Alpha-Aminosäuren und Proteinen mit freien Aminogruppen verwendet. Wenn der Extrakt mit Ninhydrin-Molekülen erhitzt wird, ergibt sich eine charakteristische tiefblaue oder blassgelbe Farbe, die auf die Bildung eines Komplexes zwischen zwei Ninhydrin-

Molekülen und dem Stickstoff der freien Aminosäure zurückzuführen ist[121].

C. Test auf Glykoside

- ***Baljet-Test:***

Der Extrakt bildet in Verbindung mit Natriumpikratlösung eine gelbe bis orange Farbe in Gegenwart von Aglykonen oder Glykosiden[121].

- ***Rechtliche Prüfung:***

Zu den Extrakten wurde ein gleiches Volumen Wasser und 0,5 ml einer starken Bleiacetatlösung hinzugefügt, gemischt und filtriert. Das Filtrat wurde mit dem gleichen Volumen Chloroform extrahiert, und der Chloroformextrakt wurde zur Trockne eingedampft. Der Rückstand wurde in 2 ml Pyridin gelöst und 2 ml Natriumnitroprussid zugegeben, gefolgt von der Zugabe von Natriumhydroxidlösung zur Alkalisierung. Die Bildung einer rosa Farbe weist auf das Vorhandensein von Glykosiden oder Aglykonanteilen hin[121].

D. Test auf Saponine

- ***Schaumtest:***

Zu 1 ml Extrakt wurden 10-20 ml Wasser hinzugefügt; einige Minuten lang geschüttelt; die Bildung von Schaum, der 60-120 Sekunden anhält, weist auf das Vorhandensein von Saponinen hin[121].

E. Test auf Steroide und Triterpenoide

- ***Libermann-Burchard-Test:***

Der Extraktrückstand wurde in Chloroform gelöst und mit einigen Tropfen Essigsäureanhydrid und anschließend mit konzentrierter Schwefelsäure an der Seitenwand des Reagenzglases behandelt. Die Bildung eines violett bis blau gefärbten Rings an der Verbindungsstelle der beiden Flüssigkeiten deutet auf das Vorhandensein von Steroidanteilen hin[121].

- ***Salkovaski-Test:***

Der Chloroformlösung wurden einige Tropfen konzentrierter Schwefelsäure zugesetzt. Die untere Schicht der Lösung färbte sich mit beiden Extrakten bräunlich-rot, was auf das Vorhandensein von Phytosterinen[121] hinweist.

F. Test auf Flavonoide

➢ ***Ammoniak-Test:***

Das in den Extrakt getauchte Filterpapier wurde dem Ammoniakdampf ausgesetzt. Die Bildung eines gelben Flecks auf dem Filterpapier weist auf das Vorhandensein dieser Art von Glykosiden hin[121].

➢ ***Test mit konzentrierter Schwefelsäure:***

Der Extrakt wurde mit konzentrierter Schwefelsäure behandelt, um eine gelbe Farbe zu erhalten[121].

➢ ***Aluminiumchlorid-Test:***

Der Extrakt wurde mit 1% Aluminiumchlorid behandelt. Die Bildung einer gelben Farbe weist auf das Vorhandensein von Flavonoiden[121] hin.

G. Test auf Alkaloide und/oder stickstoffhaltige Basen

➢ ***Der Dragendorff-Test:***

Kleine Mengen der verschiedenen Extrakte wurden mit dem Dragendorffschen Reagenz (Kalium-Bismut-Iodid) behandelt. Die Bildung einer orangeroten Farbe oder eines Niederschlags ist ein Hinweis auf das Vorhandensein von Alkaloiden[121].

➢ ***Mayers Test:***

Kleine Mengen der verschiedenen Extrakte wurden mit einigen Tropfen Mayers Reagenz (Kaliumquecksilberjodid) behandelt. Die Bildung eines trüben oder cremig-weißen Niederschlags ist ein Hinweis auf das Vorhandensein von Alkaloiden[121].

➢ ***Der Hager-Test:***

Kleine Mengen der verschiedenen Extrakte wurden mit einigen Tropfen Hager-Reagenz (gesättigte wässrige Lösung von Pikrinsäure) behandelt. Die Bildung eines kristallinen gelben Niederschlags ist ein Hinweis auf das Vorhandensein von Alkaloiden[121].

➢ ***Wagners Test:***

Kleine Mengen der verschiedenen Extrakte wurden mit einigen Tropfen

Wagner-Reagenz (verdünnte Jodlösung) behandelt. Die Bildung eines rötlich-braunen Niederschlags ist ein Hinweis auf das Vorhandensein von Alkaloiden[121]

.

➢ ***Gerbsäuretest:***

Wenige Tropfen Gerbsäurelösung werden zu kleinen Mengen der verschiedenen Extrakte gegeben. Die Bildung eines bräunlich gefärbten Niederschlags ist ein Hinweis auf das Vorhandensein von Alkaloiden[121].

H. Test auf Gerbstoffe und Phenole

Kleine Mengen der verschiedenen Extrakte wurden mit 5% Eisenchlorid behandelt, um eine braune Farbe zu erhalten[121].

***In* vitro-Test zur Hemmung der Cholinesterase**

❖ ***In-vitro-Hemmtest für Acetylcholinesterase (AChE)***

Der Test wurde auf der Grundlage der Ellman-Methode[122] durchgeführt und entsprechend den Modifikationen von Sacan und Yanardag, 2010[123], durchgeführt. Die Messung der Enzyminhibition wurde durchgeführt. Die Reaktionsmischung (4 ml), bestehend aus 1,3 ml Tris-HCl-Puffer (pH 8,0; 50 mM), wurde mit 0,4 ml verschiedener Konzentrationen (0,2 bis 5,1 µg/ml) der Arzneimittellösung behandelt und 0,1 ml AChE (0,28 U/ml) zugegeben. Dieses Gemisch wurde 15 Minuten lang inkubiert und mit 0,3 ml Acetylthiocholinjodid (0,023 mg/ml) und 1,9 ml (5,5'-Dithiobis-(2-nitrobenzoesäure) DTNB (3 mM) Lösung versetzt. Das Reaktionsgemisch (4 ml) wurde 30 Minuten lang bei Raumtemperatur inkubiert, und die Absorption des Reaktionsgemischs wurde bei 405 nm gemessen.

Die Droge wurde durch ein geeignetes Lösungsmittel ersetzt, das als Kontrolle verwendet wurde. Die Blindprobe wurde hergestellt, indem alle Reagenzien durch Wasser ersetzt wurden, um die Wirkung der Farbe der Testdroge aufzuheben. Alle Bestimmungen des Assays wurden in dreifacher Ausführung durchgeführt und die Ergebnisse als Standardfehler des Mittelwerts angegeben[124].

Die prozentuale Hemmung wurde anhand der folgenden Formel berechnet:

$$\% \textbf{ Acetylcholinesterase inhibition} = \frac{(A_0 - A_1)}{A_0} \times 100$$

A_0 = Absorptionsgrad der Kontrolle

A_1 = Absorption der Standards/Verbindungen.

❖ ***In-vitro-Hemmtest für Butyrylcholinesterase (BuChE)***

Der Test wurde auf der Grundlage der Ellman-Methode[122] durchgeführt und entsprechend den Modifikationen von Sacan und Yanardag, 2010[123] , durchgeführt. Die Messung der Enzyminhibition wurde beobachtet. Das Endvolumen (4 ml) der Reaktionsmischung besteht aus 1,3 ml des 50Mm Tris-HCl-Puffers (pH 8,0), der mit 0,4 ml verschiedener Konzentrationen (0,2 bis 5,1 µg/ml) der Arzneimittellösung behandelt wurde, und dazu wurden 0,1 ml BuChE (0,377 U/ml) hinzugefügt. Dieses Gemisch wurde 15 Minuten lang inkubiert, dann wurden 0,3 ml 15Mm Butrylthiocholinjodid und 1,9 ml (5,5'-Dithiobis-(2-nitrobenzoesäure) 3 mM DTNB-Lösung hinzugefügt. Das fertige Reaktionsgemisch (4 ml) wurde 30 Minuten lang bei Raumtemperatur inkubiert, und die Absorption der Reaktionsgemische wurde bei 405 nm beobachtet.

Die Droge wurde durch ein geeignetes Lösungsmittel ersetzt, das als Kontrolle verwendet wurde. Die Blindprobe wurde hergestellt, indem alle Reagenzien durch Wasser ersetzt wurden, um die Wirkung der Farbe der Testdroge aufzuheben. Alle Bestimmungen des Assays wurden in dreifacher Ausführung durchgeführt und die Ergebnisse wurden als Standardfehler des Mittelwerts angegeben[124] .

Die prozentuale Hemmung wurde anhand der folgenden Formel berechnet:

$$\% \textbf{ Butrylcholinesterase inhibition} = \frac{(A_0 - A_1)}{A_0} \times 100$$

A_0 = Absorptionsgrad der Kontrolle

A_1 = Absorptionsgrad des Standards/der Verbindungen

ERGEBNISSE

Interpretation der Ähnlichkeitseigenschaften von Drogen

Die zehn aktiven Phytokonstituenten der ausgewählten Pflanzen wurden entnommen und die Strukturen mit Hilfe von Chemsketch gezeichnet. Mit Hilfe der Software Molinspiration wurden die Verbindungen auf ihre Ähnlichkeit mit Arzneimitteln untersucht. Alle 10 Verbindungen wiesen ausgezeichnete Werte für die Arzneimittelähnlichkeit auf. Verteilungskoeffizient, Molekulargewicht, Wasserstoffbrückenbindungs-Donatoren und -Akzeptoren zeigen, dass diese Verbindungen keine oder akzeptable Verstöße gegen Lipinskis 5er-Regel aufweisen. Nach Lipinskis Fünferregel müssen Moleküle log P-Werte von ≤ 5 aufweisen, um leicht bioverfügbar zu sein. Die Lipinski-Regel besagt auch, dass das Molekulargewicht unter 500 Dalton liegen sollte, die Anzahl der Wasserstoffbrückenbindungsakzeptoren nicht mehr als 10 und die Anzahl der Wasserstoffbrückenbindungsdonatoren nicht mehr als 5 betragen sollte . Alle Phytokonstituenten haben ein Molekulargewicht von unter 500 Dalton, die Anzahl der Wasserstoffbrückenbindungsakzeptoren liegt unter 10 und die Anzahl der Wasserstoffbrückenbindungsdonatoren ist kleiner als 5. Die Verstöße müssen nach der Regel 0 oder 1 sein. Die Phytokonstituenten wiesen keine Verstöße auf. Daher hatten die Phytokonstituenten einen bevorzugten Drogenähnlichkeitswert und wurden einem biologischen *in* silico-Screening gegen Acetylcholinesterase und Butrylcholinesterase mit AutoDock 4.2 unterzogen (Tabelle 1).

Tabelle 1: Die Bewertungen der Arzneimittelähnlichkeit der ausgewählten Phytokonstituenten mit der Molinspiration-Software

NAMEN VON VERBINDUNGEN	***miLogP***	***TPSA***	***natoms***	***MW***	***nON***	***nOHNH***	***nrotb***	***Band***	***nVerstöße***
Apigenin	2.46	90.89	20	270.24	5	3	1	224.05	0
Catechin	1.37	110.37	21	290.27	6	5	1	224.14	0
Kaempferol	2.17	111.12	21	286	6	4	1	232.07	0
Ferulasäure	1.25	66.76	14	194.19	4	2	3	172.56	0
Vanilin	1.07	46.53	11	152.15	3	1	2	136.59	0
Luteolin	1.97	111.12	21	286.24	6	4	1	232.07	0
Quercetin	1.68	131.35	22	302.24	7	5	1	240.08	0
Tocopherol	9.04	29.46	31	430.32	2	1	1	474.50	0
Gallussäure	0.59	97.98	12	170.43	5	4	1	135.10	0
Cyanidin	0.75	112.65	21	267.75	6	5	1	234.81	0

ADMET-Studien

Die ADMET-Eigenschaften der ausgewählten Phytokonstituenten aus den Blättern von *Moringa olifera* und den Blüten von *Musa paradisiaca* wurden mit Hilfe von Pre ADMET-Software ermittelt. Die In-vitro-Methoden wie Caco-2-Zellpermeation, MDCK und Penetration in den menschlichen Darm wurden zur Bewertung der Absorption verwendet und dokumentiert. Für den Zugang zur Verteilung wird die BHS-Penetration überprüft. Die BHS-Penetration gibt Aufschluss über die Aktivität von Arzneimitteln im ZNS. Das Caco-2-Zellmodell und das MDCK-Zellmodell wurden als zuverlässige In-vitro-Modelle für die Vorhersage der oralen Arzneimittelabsorption empfohlen. Das In-silico-HIA-Modell kann potente Arzneimittel für die orale Verabreichung und TDDS vorhersagen und identifizieren. Für die Absorption bietet diese Studie Vorhersagemodelle für *in vitro* Caco-2 und MDCK-Zelltest.

Ein BBB-Wert von mehr als 2 zeigt eine höhere ZNS-Absorption, 2~ 0,1 zeigt eine mäßige Absorption in das ZNS und weniger als 0,1 zeigt eine geringere Absorption in das ZNS. Phytokonstituenten mit einer starken Bindung haben eine Proteinbindung von mehr als 90% und schwach gebundene haben eine Bindung von 70-85%. Die geringere Proteinbindung hat weniger als 90 % der Proteinbindungswerte. Die Permeabilität von Caco-2-Zellen und MDCK-Zellen wird bei pH 7,4 gemessen. Daher wird die Caco-2-Zellpermeabilität in der Pre-ADMET-Software bei pH 7,4 durchgeführt. Ein Caco-2-Zellpermeabilitätswert unter 4 zeigt eine geringe Permeabilität und über 70 eine höhere Permeabilität an. Bei einem Wert zwischen 4 und 70 liegt die Permeabilität im mittleren Bereich. Die HIA wird durch einen In-vivo-Test bei pH 7,4 gemessen. Daher werden die chemischen Strukturen in der Pre-ADMET-Software bei pH 7,4 angewendet. Werte zwischen 70 und 100 % bedeuten, dass die Verbindungen gut absorbiert werden, und Werte unter 20 % bedeuten, dass die Verbindungen schlecht absorbiert werden. Bei einem Wert zwischen 20-70 % wurden die Verbindungen mäßig absorbiert. Durch die Untersuchung der ADMET-Werte von Phytokonstituenten in den Blättern von *Moringa olifera* und den Blüten von *Musa paradisiaca*. Es wurde festgestellt, dass die Blätter eine bessere orale und intestinale Absorption aufwiesen. Durch den Vergleich der Werte der Phytokonstituenten mit denen des Standardmedikaments Rivastigmin. Apigenin, Cyanidin und Tocopherol weisen bessere ADMET-Eigenschaftswerte auf. Apigenin, Cyanidin und Tocopherol haben einen BBB-Penetrationswert von mehr als 2, was ein guter Wert im Vergleich zum Standard ist. Apigenin, Quercetin, Tocopherol, Vanillin und Luteolin haben einen Wert von mehr als 70 %. Sie werden also besser oral aufgenommen (Tabelle 2 und 3).

Tabelle 2: ADMET-EIGENSCHAFTEN DER AUSGEWÄHLTEN PHYTOCONSTITUENTEN (CONT...)

Eigenschaften	APIGENIN	CATECHIN	KAEMPFEOL	FERULIC ACID	QUERCETIN
BBB	0.193134	0.394913	0.0370233	0.348419	0.117313
Puffer_löslichkeit_mg_L	1250.49	2253.95	4028.48	1.56124	103.617
Caco2	10.5023	0.656962	19.2384	13,8492	19.292
CYP_2C19_Hemmung	Hemmstoff	Hemmstoff	Hemmstoff	Hemmstoff	Hemmstoff
CYP_2C9_Hemmung	Hemmstoff	Hemmstoff	Hemmstoff	Hemmstoff	Hemmstoff
CYP_2D6_Hemmung	Nicht	Nicht	Nicht	Nicht	Nicht
CYP_2D6_Substrat	Nicht	Nicht	Nicht	Nicht	Nicht
CYP_3A4_Hemmung	Hemmstoff	Hemmstoff	Hemmstoff	Hemmstoff	Hemmstoff
CYP_3A4_Substrat	Schwach	Schwach	Schwach	Nicht	Schwach
HIA	79.537742	66.707957	24.404298	53.6968097	88.406012
MDCK	657.489	44.3849	17.3492	9.53597	206.495
Pgp_Hemmung	Hemmstoff	Nicht	Nicht	Nicht	Nicht
Plasma_Protein_Bindung	79.5377	100	39.507803	50.414225	78.250479
Reines_Wasser_löslichkeit_mg_L	657.489	1240.55	10111.4	7387.53	86.284
Haut_Permeabilität	-4.47882	-4.29301	-4.0040	-3.67204	-4.28223
SKlogD_Wert	1.070950	1.845850	-0.505040	0.377380	2.55176
SKlogP_Wert	1.070950	1.845850	-0.505040	1.956380	2.55176
SKlogS_Puffer	-2.337206	-2.109860	-1.946710	0.95538	-3.46214
SKlogS_rein	-2.61917	-2.369190	-1.547040	-0.371915	-3.54164

Tabelle 3: ADMET-EIGENSCHAFTEN DER AUSGEWÄHLTEN PHYTOCONSTITUENTEN

Eigenschaften	RIVASTIGMINE	CYANIDIN	TOCOPHEROL	VANILIN	LEUTIOLIN	GALLISCHE SÄURE
BBB	1.16217	2.64859	3.39686	1.64405	0.577731	0.348084
Puffer_löslichkeit_mg_L	1363.17	3746.28	2515.2	5.58133	168.099	1.56124
Caco2	47.5911	26.7675	18.4093	24.3165	19.9503	13.8492
CYP_2C19_Hemmung	Nicht	Hemmstoff	Hemmstoff	Hemmstoff	Hemmstoff	Hemmstoff
CYP_2C9_Hemmung	Nicht	Hemmstoff	Hemmstoff	Hemmstoff	Hemmstoff	Hemmstoff
CYP_2D6_Hemmung	Hemmstoff	Nicht	Nicht	Nicht	Nicht	Nicht
CYP_2D6_Substrat	Schwach	Schwach	Schwach	Nicht	Nicht	Nicht
CYP_3A4_Hemmung	Nicht	Hemmstoff	Hemmstoff	Hemmstoff	Hemmstoff	Hemmstoff
CYP_3A4_Substrat	Substrat	Nicht	Nicht	Schwach	Nicht	Nicht
HIA	99.415222	97.764367	89.411688	98.549517	93.716287	53.696852
MDCK	43.566	41.326	36.997	49.4647	13.2767	9.53976
Pgp_Hemmung	Hemmstoff	Nicht	Nicht	Nicht	Nicht	Nicht
Plasma_Protein_Bindung	26.387634	58.002576	100.000000	41.853359	39.169542	65.384676
Reines_Wasser_löslichkeit_mg_L	3966.98	3476.01	1737.81	426.057	503.333	72333.4
Haut_Permeabilität	-1.968	-2.398	-1.8452	-2.42561	-3.08008	-3.62686
SKlogD_Wert	1.05561	1.86537	2.523740	1.359100	0.664080	0.132480
SKlogP_Wert	2.62007	1.26958	2.523740	1.359100	0.664080	1.380480

SKlogS_Puffer	-2.26398	-3.885360	-1.776030	-4.429740	-3.020370	0.962710
SKlogS_rein	-1.80007	-2.93005	-1.936600	-2.547010	-2.544080	-0.371420

In-silico-Docking-Studien gegen AChE und BuChE

Für die in den ausgewählten Pflanzen identifizierten Phytokonstituenten wurden In-silico-Docking-Studien durchgeführt. Die Bindungsenergie, die Hemmkonstante und die intermolekulare Energie wurden für die ausgewählten Phytokonstituenten gegen die Zielenzyme in Docking-Studien bewertet.

Die ausgewählten Phytokonstituenten zeigten im Vergleich zum Standard (Rivastigmin) hervorragende Docking-Parameter und Ausrichtungen gegen die Enzyme Acetylcholinesterase (AChE) und Butrylcholinesterase (BuChE).

Alle zehn Phytokonstituenten zeigten beim Andocken an das AChE-Zielprotein eine Bindungsenergie zwischen -7,58 kcal/mol und -2,01 kcal/mol im Vergleich zum Standard (Rivastigmin), der eine Bindungsenergie von -6,73 kcal/mol aufwies. Die minimale Bindungsenergie deutet darauf hin, dass die ausgewählte Verbindung ein ausgezeichnetes Hemmungspotenzial gegenüber den Zielenzymen besitzt. Apigenin zeigte eine bemerkenswert hohe Bindungsenergie (-7,58 kcal/mol) im Vergleich zum Standard.

Um das potenzielle neue Leitmolekül zu identifizieren, wurden die Docking-Analysen der aktiven Verbindungen beider Pflanzen mit dem aktiven Zentrum von AChE und BuChE durchgeführt. *In* silico-Studien mit BuChE zeigten, dass alle Verbindungen eine gute Bindungsenergie zwischen -6,43 kcal/mol und -5,56 kcal/mol. Die Bindungsenergie von Quercetin, Apigenin und Cyanidin lag bei -6,74, -6,43 und -5,96 kcal/mol im Vergleich zum Rivastigmin-Standard -5,69 kcal/mol.

In-silico-Studien bewiesen, dass die ausgewählten Phytokonstituenten im Vergleich zum Standard (11,63 µM) eine ausgezeichnete Hemmkonstante gegenüber AChE aufweisen, die zwischen 779,31 µM und 1,01 µM liegt. Apigenin zeigte eine bessere Hemmkonstante (2,8 µM) als die des Referenzstandards (Tabelle 4 bis 14).

Im Falle des BuChE-Targets wurde eine Hemmkonstante der

Phytokonstituenten von 798,26 µM bis 1,01 µM im Vergleich zum Standard Rivastigmin (67,28 µM) festgestellt. Die Ergebnisse der Hemmkonstanten stimmen mit den Werten der Bindungsenergie überein. Die Moleküle der Phytokonstituenten mit 2D-Struktur wurden in eine energieminimierte 3D-Struktur umgewandelt und für das In-silico-Protein-Liganden-Docking verwendet.

Die intermolekulare Energie ist direkt proportional zur Bindungsenergie. Die intermolekulare Energie aller Verbindungen sinkt mit einer gleichzeitigen Abnahme der Bindungsenergie. Die Phytokonstituenten zeigten eine intermolekulare Energie gegenüber AChE im Bereich von -8,29 kcal/mol bis -4,9 kcal/mol im Vergleich zum Standard (-8,22 kcal/mol). Apigenin zeigte eine gute intermolekulare Energie (-6,24 kcal/mol) als Rivastigmin.

Die Phytokonstituenten zeigten eine intermolekulare Energie gegenüber BuChE im Bereich von -4,09 kcal/mol bis -8,53 kcal/mol im Vergleich zum Standard
(-8,22 kcal/mol). Quercetin, Apigenin und Cyanidin zeigten eine bessere intermolekulare Energie (-6,74, -6,43 und -5,96 kcal/mol) im Vergleich zum Rivastigmin-Standard (Tabelle 4 bis 14).

Tabelle 4: In-silico-Ergebnisse der molekularen Wechselwirkungen von Apigenin mit AChE und BuChE

S l. N r.	Acetylcholinesterase			Butrylcholinesterase		
	Bindung senergie (kcal/mo l)	**Hemmung skonstante (µM)**	**Zwischen molekular e Energie (kcal/mol)**	**Bindung senergie (kcal/mo l)**	**Hemmung skonstante (µM)**	**Zwischen molekular e Energie (kcal/mol)**
1	- 7.58	2.8	-8.77	-6.43	157.23	-6.24
2	-7.52	2.96	-8.74	-6.02	153.96	-6.98
3	-6.87	9.23	-8.06	-5.97	257.18	-5.86
4	-6.8	10.4	-7.99	-5.45	283.8	-5.78
5	-6.41	19.87	-7.61	-5.39	298.17	-5.58
6	-6.33	22.86	-7.52	-5.24	358.48	-5.48
7	- 5.99	40.33	-7.19	-5.14	367.85	-5.35
8	- 5.92	46.33	-7.11	-5.07	428.68	-5.28
9	- 5.03	207.43	-6.22	-4.96	543.23	-5.17
1 0	- 4.83	286.87	-6.03	-4.74	173.85	-5.05

Tabelle 5: In-silico-Ergebnisse der molekularen Wechselwirkungen von Catechin mit AChE und BuChE

Sl. Ne in.	Acetylcholinesterase			Butrylcholinesterase		
	Bindung senergie (kcal/mo l)	**Hemmung skonstante (µM)**	**Zwischen molekular e Energie (kcal/mol)**	**Bindung senergie (kcal/mo l)**	**Hemmung skonstante (µM)**	**Zwischen molekular e Energie (kcal/mol)**
1	-6.05	17.15	-8.29	-5.56	14.36	-7.75
2	-6.07	35.51	-7.86	-5.53	31.79	-7.04

3	-5.42	105.76	-7.29	-5.54	24.75	-8.98
4	-5.33	123.54	-7.12	-5.32	28.07	-8.82
5	-5.28	135.98	-7.07	-4.75	27.26	-8.45
6	-4.99	154.32	-6.99	-4.67	38.75	-8.36
7	-4.91	219.87	-6.78	-4.18	39.04	-8.21
8	-4.79	249.19	-6.7	-4.07	42.8	-8.15
9	-4.21	310.42	-6.05	-3.42	73.29	-7.97
10	-4.02	779.31	-6.03	-3.02	453	-6.76

Tabelle 6: In-silico-Ergebnisse der molekularen Wechselwirkungen von Kaempferol mit AChE und BuChE

Sl-Nr.	Acetylcholinesterase			Butrylcholinesterase		
	Bindungsenergie (kcal/mol)	**Hemmungskonstante (µM)**	**Zwischenmolekulare Energie (kcal/mol)**	**Bindungsenergie (kcal/mol)**	**Hemmungskonstante (µM)**	**Zwischenmolekulare Energie (kcal/mol)**
1	-4.26	754.33	-7.54	-3.39	351.53	-5.98
2	-4.22	873.2	-7.5	-2.64	423.78	-5.89
3	-3.87	1.46	-7.15	-2.61	591.47	-5.75
4	-3.71	1.9	-6.99	-2.58	598.26	-5.75
5	-3.68	2	-6.96	-2.32	664.8	-5.73
6	-3.54	2.56	-6.82	-2.26	767.07	-5.58
7	-3.53	2.6	-6.81	-2.11	798.12	-5.53
8	-3.37	2.37	-6.65	-1.94	568.4	-5.73
9	-2.17	7.45	-6.18	-1.88	627.63	-4.67
10	-2.01	8.08	-6.14	-1.07	771.39	-4.56

Tabelle 7: In-silico-Ergebnisse der molekularen Wechselwirkungen von Ferulasäure mit AChE und BuChE

Sl Nr.	Acetylcholinesterase			Butrylcholinesterase		
	Bindungsenergie (kcal/mol)	**Hemmungskonstante (µM)**	**Zwischenmolekulare Energie (kcal/mol)**	**Bindungsenergie (kcal/mol)**	**Hemmungskonstante (µM)**	**Zwischenmolekulare Energie (kcal/mol)**
1	-5.03	204.33	-6.23	-4.53	481.88	-5.72
2	-5.01	214.26	-6.2	-4.44	558.7	-5.63
3	-4.8	300.89	-6	-4.36	638.85	-5.55
4	-4.92	248.11	-6.11	-3.99	1.19	-5.18
5	-4.89	258.88	-6.09	-4.17	883.35	-5.36
6	-4.83	287.52	-6.02	-4.16	898.12	-5.35
7	-4.78	314.48	-5.97	-4.01	1.15	-5.2
8	-4.71	354.1	-5.9	-3.97	1.24	-5.16
9	-4.67	377.55	-5.86	-3.77	1.72	-4.97
10	-4.66	385.57	-5.85	-3.24	4.22	-4.43

Tabelle 8: In-silico-Ergebnisse der molekularen Wechselwirkungen von Gallussäure mit AChE und BuChE

Sl Nr.	Acetylcholinesterase			Butrylcholinesterase		
	Bindungsenergie (kcal/mol)	**Hemmungskonstante (µM)**	**Zwischenmolekulare Energie (kcal/mol)**	**Bindungsenergie (kcal/mol)**	**Hemmungskonstante (µM)**	**Zwischenmolekulare Energie (kcal/mol)**
1	-5.17	160.97	-6.07	-4.03	1.11	-7.31
2	-4.97	225.61	-5.87	-3.64	2.15	-6.92
3	-4.88	265.07	-5.77	-2.93	7.07	-6.22

4	-4.89	259.62	-5.79	-2.85	8.19	-6.13
5	-4.84	284.66	-5.73	-2.8	8.91	-6.08
6	-4.79	306.51	-5.69	-2.77	9.25	-6.06
7	-4.79	307.05	-5.69	-2.58	12.92	-5.86
8	-4.65	387.37	-5.55	-2.54	13.72	-5.82
9	-4.72	348.63	-5.61	-1.98	35.1	-5.27
10	-4.71	351.42	-5.61	-1.3	110.74	-4.59

Tabelle 9: In-silico-Ergebnisse der molekularen Wechselwirkungen von Luteolin mit AChE und BuChE

Sl Nr.	Acetylcholinesterase			Butrylcholinesterase		
	Bindungsenergie (kcal/mol)	**Hemmungskonstante (µM)**	**Zwischenmolekulare Energie (kcal/mol)**	**Bindungsenergie (kcal/mol)**	**Hemmungskonstante (µM)**	**Zwischenmolekulare Energie (kcal/mol)**
1	-4.54	470.86	-5.73	-4.56	451.03	-5.76
2	-4.51	496.11	-5.7	-4.27	737.49	-5.47
3	-4.3	700.1	-5.5	-4.16	886.84	-5.36
4	-4.01	1.02	-5.2	-4.16	890.43	-5.35
5	-3.98	1.21	-5.17	-4.13	932.42	-5.33
6	-3.82	1.58	-5.02	-4.08	1.02	-5.27
7	-3.72	1.88	-4.91	-3.92	1.34	-5.11
8	-3.56	2.45	-4.76	-4.04	1.09	-5.24
9	-3.44	3.03	-4.63	-3.91	1.36	-5.1

10	-3.23	4.31	-4.42	-3.73	1.86	-4.92

Tabelle 10: *In silico* Ergebnisse der molekularen Wechselwirkungen von Quercetin mit AChE und BuChE

Sl Nr.	Acetylcholinesterase			Butrylcholinesterase		
	Bindungsenergie (kcal/mol)	Hemmungskonstante (µM)	Zwischenmolekulare Energie (kcal/mol)	Bindungsenergie (kcal/mol)	Hemmungskonstante (µM)	Zwischenmolekulare Energie (kcal/mol)
1	-5.45	100.52	-7.24	-6.74	11.43	-8.53
2	-4.00	1.17	-5.79	-6.48	17.75	-8.27
3	-3.97	1.23	-5.76	-5.86	50.32	-7.65
4	-3.76	1.77	-5.55	-5.19	158.07	-6.98
5	-3.63	2.18	-5.42	-4.9	255.56	-6.69
6	-3.5	2.71	-5.29	-4.72	347.57	-6.51
7	-3.39	3.25	-5.18	-4.54	471.21	-6.33
8	-3.13	5.09	-4.92	-4.31	688.08	-6.1
9	-3.11	5.29	-4.9	-4.06	1.06	-5.85
10	-2.75	9.57	-4.54	-3.9	1.38	-5.69

Tabelle 11: In-silico-Ergebnisse der molekularen Wechselwirkungen von Tocopherol mit AChE und BuChE

Sl Nr.	Acetylcholinesterase			Butrylcholinesterase		
	Bindungsenergie (kcal/mol)	**Hemmungskonstante (µM)**	**Zwischenmolekulare Energie (kcal/mol)**	**Bindungsenergie (kcal/mol)**	**Hemmungskonstante (µM)**	**Zwischenmolekulare Energie (kcal/mol)**
1	-5.77	58.88	-6.07	-5.86	100.31	-5.75
2	-5.72	64.12	-6.02	-5.42	107.08	-5.71
3	-5.05	198.77	-5.35	-5.38	114.75	-5.67
4	-5.32	126.93	-5.61	-5.25	140.85	-5.55
5	-5.19	155.98	-5.49	-5.17	161.93	-5.47
6	-5.24	143.14	-5.54	-5.15	168.69	-5.45
7	-5.22	150.02	-5.51	-5.06	196.10	-5.36
8	-5.17	163.64	-5.46	-5.06	196.43	-5.36
9	-5.12	177.11	-5.42	-5.04	202.18	-5.34
10	-5.05	198.76	-5.35	-4.89	261.42	-5.19

Tabelle 12: In-silico-Ergebnisse der molekularen Wechselwirkungen von Vanillin mit AChE und BuChE

Sl Nr.	Acetylcholinesterase			Butrylcholinesterase		
	Bindungsenergie (kcal/mol)	**Hemmungskonstante (µM)**	**Zwischenmolekulare Energie (kcal/mol)**	**Bindungsenergie (kcal/mol)**	**Hemmungskonstante (µM)**	**Zwischenmolekulare Energie (kcal/mol)**
1	-4.21	823.48	-5.70	-4.37	626.45	-5.86
2	-3.89	1.40	-5.38	-4.06	1.05	-5.55
3	-3.87	1.45	-5.36	-4.13	945.83	-5.62
4	-3.84	1.53	-5.33	-3.85	1.51	-5.34
5	-3.76	1.76	-5.25	-3.81	1.62	-5.3
6	-3.72	1.87	-5.21	-3.6	2.3	-5.09
7	-3.71	1.9	-5.21	-3.54	2.53	-5.03
8	-3.52	2.62	-5.01	-3.41	3.15	-4.9
9	-2.97	6.66	-4.46	-3.32	3.69	-4.81
10	-2.74	9.82	-4.23	-2.89	7.65	-4.38

Tabelle 13: *In silico* Ergebnisse der molekularen Wechselwirkungen von Cyanidin mit AChE und BuChE

Sl Nr.	Acetylcholinesterase			Butrylcholinesterase		
	Bindungsenergie (kcal/mol)	Hemmungskonstante (µM)	Zwischenmolekulare Energie (kcal/mol)	Bindungsenergie (kcal/mol)	Hemmungskonstante (µM)	Zwischenmolekulare Energie (kcal/mol)
1	- 5.78	4.8	-7.67	-5.96	154.23	-6.27
2	-5.54	8.96	-7.54	-5.82	123.96	-6.93
3	-4.87	10.23	-7.36	-5.57	287.18	-5.87
4	-4.8	14.46	-7.29	-5.05	263.38	-5.76
5	-3.41	18.37	-7.11	-4.98	298.96	-5.55
6	-3.33	27.86	-7.02	-4.46	337.48	-5.49
7	-2.99	44.43	-6.19	-4.04	369.85	-5.34
8	-2.92	47.23	-6.11	-3.97	426.68	-5.27
9	-2.03	217.44	-5.22	-3.76	544.13	-5.16
10	-1.99	286.88	-5.03	-3.64	163.75	-5.01

Tabelle 14: In-silico-Scores der molekularen Wechselwirkungen von Rivastigmin mit AChE und BuChE

Sl Nr.	Acetylcholinesterase			Butrylcholinesterase		
	Bindungsenergie (kcal/mol)	Hemmungskonstante (µM)	Zwischenmolekulare Energie (kcal/mol)	Bindungsenergie (kcal/mol)	Hemmungskonstante (µM)	Zwischenmolekulare Energie (kcal/mol)
1	-6.73	11.63	-8.22	-5.69	67.28	-7.18
2	-6.18	29.3	-7.68	-5.06	196.62	-6.55

3	-5.69	68.02	-7.18	-5.07	193.37	-6.56
4	-5.17	161.27	-6.67	-4.84	282.22	-6.33
5	-4.97	227.47	-6.46	-4.82	295.4	-6.31
6	-4.68	371.04	-6.17	-4.81	297.67	-6.30
7	-4.34	656.36	-5.83	-4.66	382.41	-6.15
8	-4.57	448.62	-6.06	-4.53	477.22	-6.02
9	-4.43	561.35	-5.93	-4.18	862.50	-5.67
10	-4.27	737.41	-5.76	-3.11	5.29	-4.6

Dies beweist, dass die Phytokonstituenten im Vergleich zum Standard-Rivastigmin potenziell cholinesterasehemmende Bindungsstellen besitzen. Diese molekularen Analysen könnten den Weg zur weiteren Entwicklung potenter Cholinesterase-Hemmer für die Behandlung neurodegenerativer Erkrankungen weisen. Entsprechend der hemmenden Aktivität von AChE und BuChE wurden alle Phytokonstituenten nach ihrem Rang geordnet, wie in den Abbildungen 12 und 13 zu sehen ist.

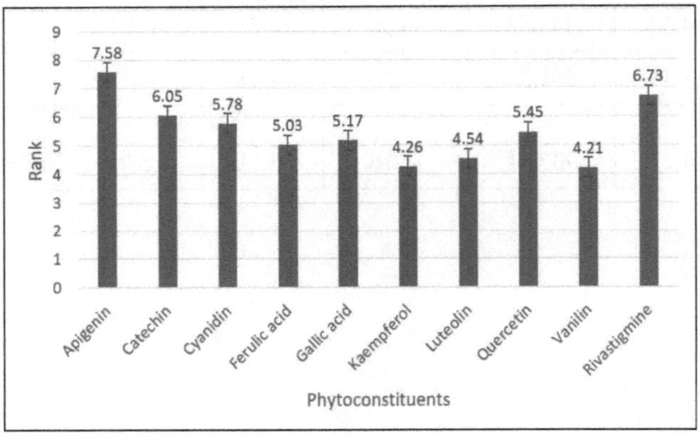

Abb. 12: Die *in silico* AChE-hemmenden Aktivitäten der ausgewählten Phytokonstituenten

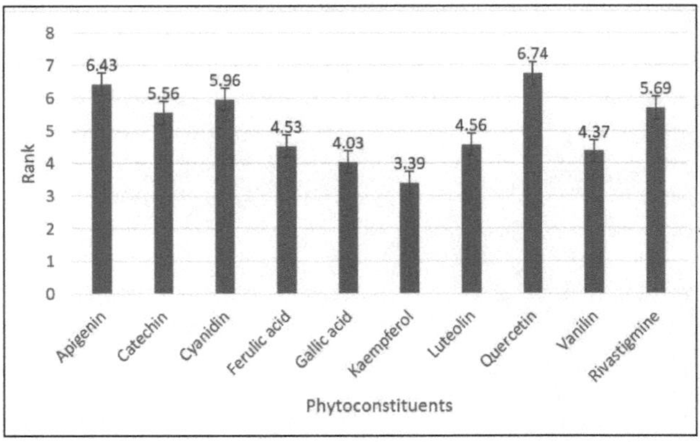

Abb. 13: Die *in silico* BuChE-hemmenden Aktivitäten der ausgewählten Phytokonstituenten

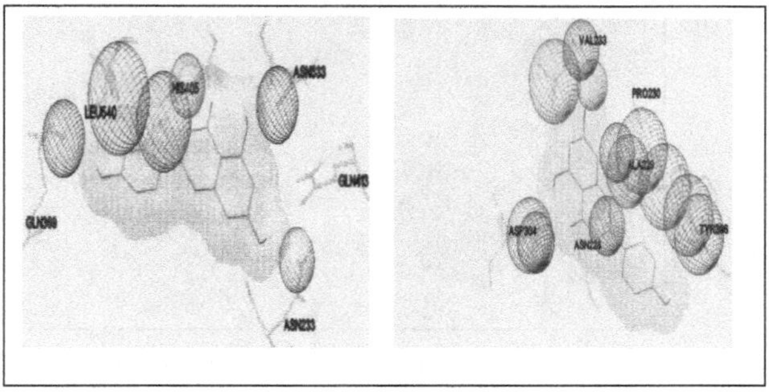

Abb. 14: **Bindungsorientierungen von Tocopherol mit AChE und BuChE**

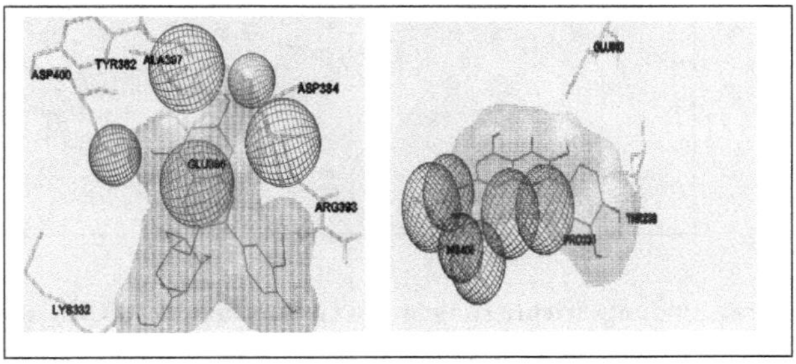

Fig 15: Binding orientations of kaemofeol with AChE and BuChE

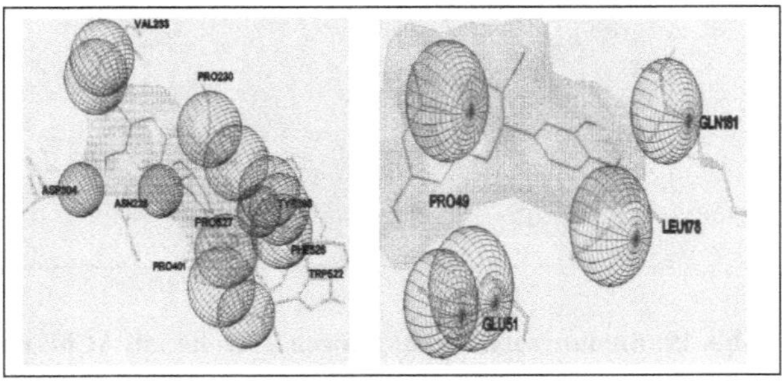

Abb. 16: Bindungsorientierungen von Catechin mit AChE und BuChE

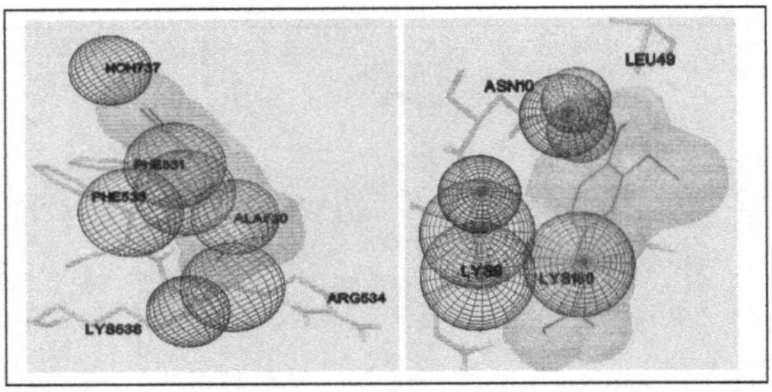

Abb. 17: Bindungsorientierungen von Ferulasäure mit AChE und BuChE

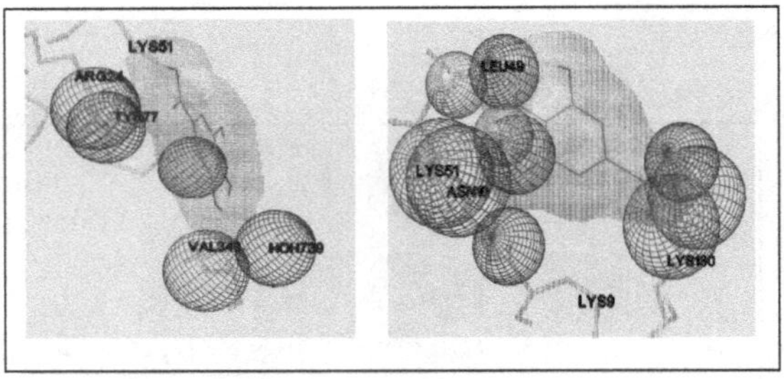

Abb. 18: Bindungsorientierungen von Gallussäure mit AChE und BuChE

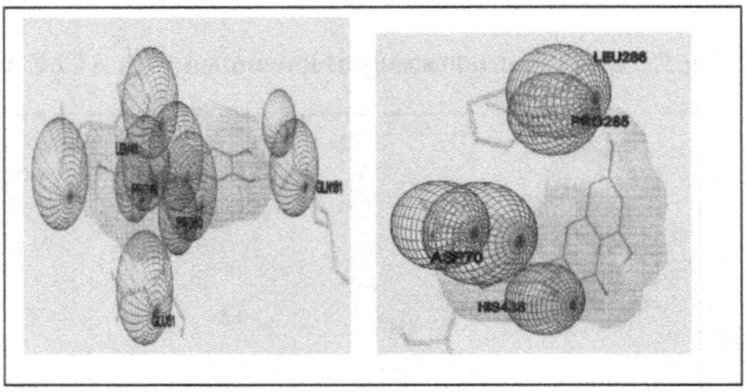

Abb. 19: Bindungsorientierungen von Luteolin mit AChE und BuChE

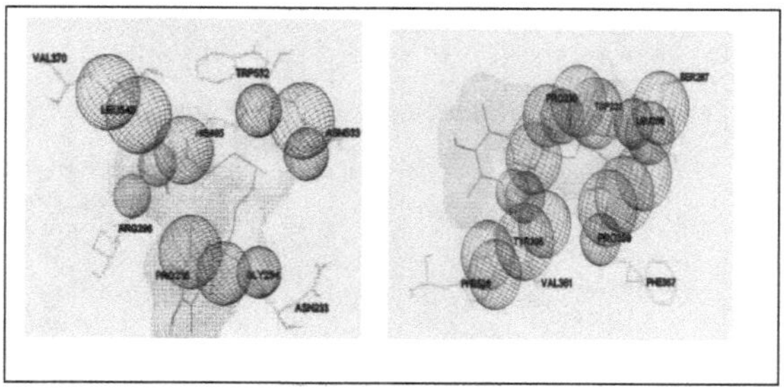

Abb. 20: **Bindungsorientierungen von Apigenin mit AChE und BuChE**

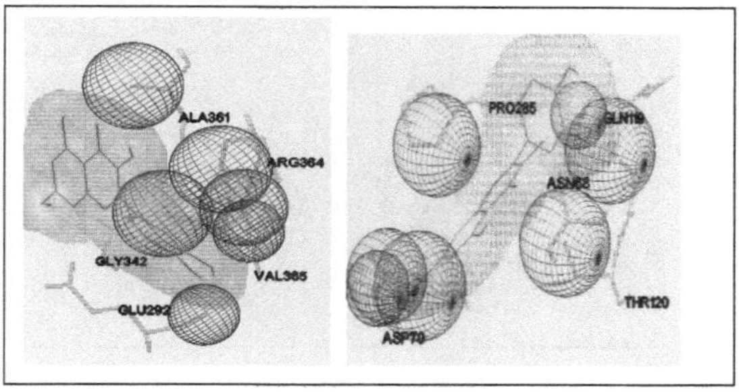

Abb. 21: **Bindungsorientierungen von Quercetin mit AChE und BuChE**

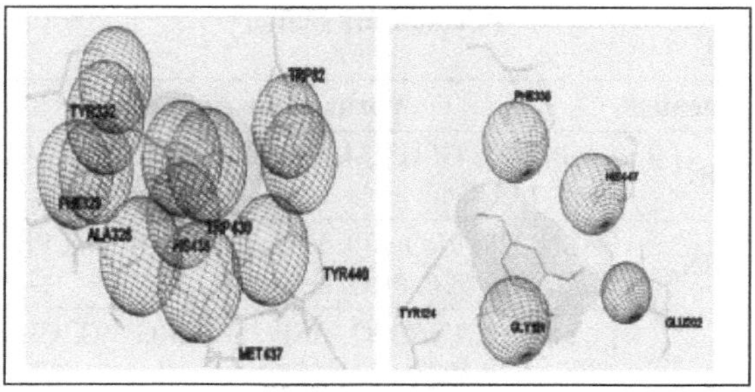

Abb. 22: **Bindungsorientierungen von Vanilin mit AChE und BuChE**

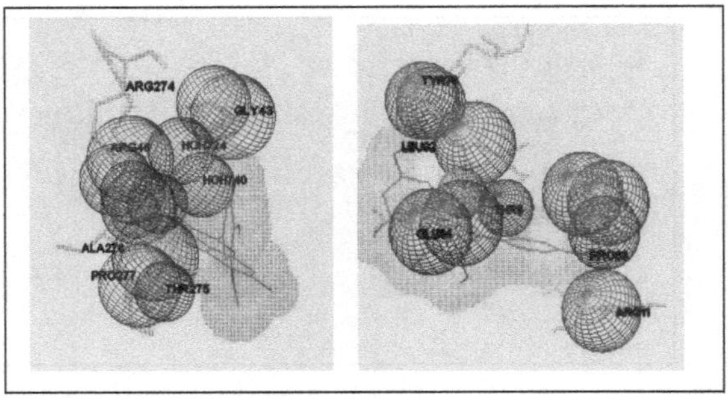

Abb. 23: Bindungsorientierungen von Cyanidin mit AChE und BuChE

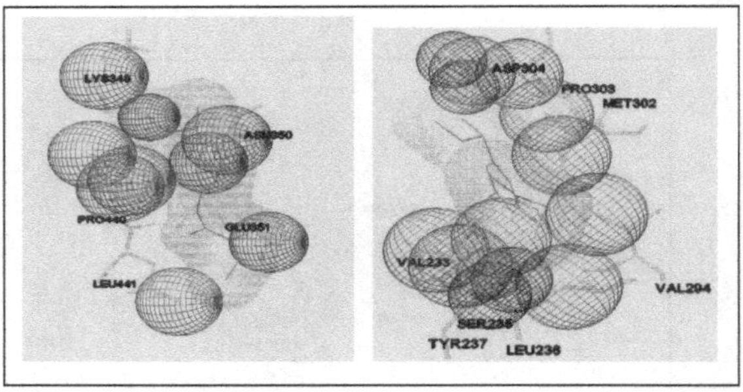

Abb. 24: Bindungsorientierungen von Rivastigmin mit AChE und BuChE

Tabelle 15: Mit AChE interagierende Aminosäurereste von Phytokonstituenten

Phytokonstituenten	Vorhandene Aminosäuren
APIGENIN	ASN 233, GLU 234, PRO 277, ARG 296, VAL 370, HIS 405, LEU 540
CATECHIN	ASN 228, PRO 230, VAL 233, TYR 396, PRO 401, TRP 522, PHE 526, PRO 529
KAEMPFEOL	LYS 332, TYR3 82, ASP 382, ARG 393, GLU 396, ALA 397, ASP 400
FERULIC ACID	ALA 530, PHE 531, ARG 534, PHE 535, LYS 538
GALLISCHE SÄURE	ARG 24, LYS 51, TYR 77, VAL 340

LUTEOLIN	LEU 48, PRO 49, PRO 50, GLU 51, GLU 181
QUERCETIN	GLU 292, GLY 342, ALA 361, VAL 365
TOCOPHEROL	ASN 233, GLN 369, HIS 405, GLN 413, ASN533, LEU 540
VANILIN	HAS 47, TRP 82, ALA 328, PHE 329, TYR 332, TRP 430
CYANIDIN	GLU43, ARG 46, ARG 274, THR 275, PRO 277, ALA 278
RIVASTIGMINE	ASN 233, GLU 234, PRO 277, LYS 348, LEU 441

Tabelle 16: Mit BuChE interagierende Aminosäurereste von Phytokonstituenten

Phytokonstituenten	Vorhandene Aminosäuren
APIGENIN	SER 287, PRO 230, TRP 231, PHE 357, VAL 361, TYR 396, PHE 528, LEU 540
CATECHIN	PRO 49, LEU 178, GLN 181, GLU 51
KAEMPFEOL	PRO 235, THR 238, GLU 343, HIS 403
FERULIC ACID	LYS 19, ASN 10, LEU 49, LYS 180
GALLISCHE SÄURE	ASN 10, LYS 19, TYR 77, VAL 340
LUTEOLIN	ASP 70, PRO 285, LEU 286, HIS 438
QUERCETIN	ASN 68, ASP 70, GLU 119, THR 120, PRO 285
TOCOPHEROL	ASN 228, ALA 229, PRO 230, VAL 233, ASP 304
VANILIN	GLY43, HAS 47, TYR 124, GLU202, PHE 338
CYANIDIN	ARG 11, TYR 70, GLU 107, LEU 236, PRO 285, TYR 396
RIVASTIGMINE	ASP 68, VAL 233, LEU 236, PRO 285, SER 287, TYR 396, MET 302, VAL 361

Aus den angedockten Orientierungen (Abb. 14 bis 24) geht hervor, dass Apigenin ähnliche Aminosäurereste gegen AChE aufweist wie das Standard-Rivastigmin. Diese Aminosäuren sind VAL370, LEU340, GLU350 und ASN233. Andere Phytokonstituenten zeigten eine gute Docking-Interaktion und haben genügend Aminosäurereste, aber die Ausrichtungen waren nicht ähnlich wie die von Rivastigmin (Tabelle 15).

Aus den an BuChE angedockten Orientierungen ist ersichtlich, dass Aminosäuren wie PRO 285 und ASP 68 Aminosäurereste mit dem Standard und Quercetin gemeinsam waren. Apigenin zeigte die Aminosäurereste SER 287, VAL 361 und TYR 396 gegen BuChE wie Rivastigmin. Auch Cyanidin hat LEU 236, PRO 285 und TYR 396 Aminosäurereste, die den wenigen Aminosäureresten des Standard-Rivastigmins ähnlich sind. Auch andere Phytokonstituenten zeigten eine gute Docking-Interaktion, aber sie haben nicht genügend Aminosäurereste, die denen von Rivastigmin ähnlich sind (Tabelle 16).

Der Rest der Phytokonstituenten hat Docking-Interaktionen, die auch in der Natur besser waren, aber diese besitzen niedrigere Docking-Scores. Dieser Bericht zeigt, dass die Phytokonstituenten in den Pflanzen wie Apigenin, Quercetin und Cyanidin eine bessere Aktivität bei BuChE und Apigenin bei AChE zeigten als die der Norm.

Mit Hilfe dieser Docking-Studien können weitere Verbesserungen bei der Untersuchung potenzieller ChE-Hemmer vorgenommen werden. Im Vergleich zum Standard haben die Phytokonstituenten eine bessere potenzielle ChE-hemmende Bindungsstelle. Diese molekulare Analyse hat den Weg für künftige Verbesserungen bei der wirksamen Cholinhemmung für die Behandlung von Alzheimer geebnet.

PROZENTUALER ERTRAG

Durch die Verwendung verschiedener Lösungsmittel wurden die Phytokonstituenten aus den Pflanzen extrahiert und die prozentuale Ausbeute berechnet. Als die getrockneten Blätter für die Herstellung des ethanolischen Extrakts von *Moringa oleifera* verwendet wurden, wurde eine prozentuale Ausbeute von 1,2 % w/v festgestellt.

$$\text{PercentageYield} = \frac{\text{Obtained weight}}{\text{Total weight taken}} \times 100$$

$$\textbf{Percentage Yield} = \frac{\mathbf{12g}}{\mathbf{1000g}} \times \mathbf{100} = \mathbf{1{,}2\ \%\ w/v}$$

Bei der Verwendung der getrockneten Blätter zur Herstellung des wässrigen Extrakts von *Moringa oleifera wurde eine* prozentuale Ausbeute von 1,4 % w/v festgestellt.

$$\text{PercentageYield} = \frac{\text{Obtained weight}}{\text{Total weight taken}} \times 100$$

$$\textbf{Percentage Yield} = \frac{\mathbf{14g}}{\mathbf{1000g}} \times \mathbf{100 = 1{,}4\ \%\ w/v}$$

Bei der Verwendung der getrockneten Blüten zur Herstellung des ethanolischen Extrakts von *Musa paradisiaca wurde eine* prozentuale Ausbeute von 1,8 % w/v festgestellt.

$$\text{PercentageYield} = \frac{\text{Obtained weight}}{\text{Total weight taken}} \times 100$$

$$\textbf{Percentage Yield} = \frac{\mathbf{18g}}{\mathbf{1000g}} \times \mathbf{100 = 1{,}8\ \%\ w/v}$$

Bei der Verwendung der getrockneten Blüten zur Herstellung des wässrigen Extrakts von *Musa paradisiaca wurde eine* prozentuale Ausbeute von 1,5 % w/v festgestellt.

$$\textbf{Percentage Yield} = \frac{\mathbf{15g}}{\mathbf{1000g}} \times \mathbf{100 = 1{,}5\ \%\ w/v}$$

$$\text{PercentageYield} = \frac{\text{Obtained weight}}{\text{Total weight taken}} \times 100$$

PHYTOCHEMISCHE BEWERTUNG

Das phytochemische Screening von wässrigen Blattextrakten aus *Moringa oleifera* (AEMO) und ethanolischen Blattextrakten aus *Moringa oleifera* ((EEMO) zeigte das Vorhandensein der folgenden Phytokonstituenten:

Tabelle 17: Phytochemisches Screening der Blattextrakte von *Moringa oleifera*

S.Nr.	CHEMISCHER TEST	AEMO	EEMO
	Kohlenhydrate		
1.	Molisch-Test	+	+
2.	Fehlingscher Test	+	+
3.	Benedikts-Test	+	+
	Proteine und Aminosäuren		
4.	Biuret-Test	+	+
5.	Millon-Test	+	+
6.	Ninhydrin-Test	+	+
	Flavonoide		
7.	Ammoniak-Test	+	+
8.	Prüfung mit konzentrierter Schwefelsäure	+	+
9.	Alkalisches Reagenz	+	+
	Triterpenoide		
10.	Leibermann-Burchard-Test	+	+
11.	Salkowski-Test	+	+
	Saponine		
12.	Schaum-Test	-	-
	Glykoside		
13.	Baljett-Test	-	-
14.	Rechtliche Prüfung	-	-
	Alkaloide		
15.	Dragendroff'stest	+	+
16.	Mayerscher Test	+	+
17.	Hager'scher Test	+	+
18.	Wagner-Test	+	+
19.	Gerbsäure-Test	+	+
	Gerbstoffe und Phenole		
20.	Eisenchlorid-Test	+	+

(+) Vorhandensein von Phytokonstituenten

(-) Abwesenheit von Phytokonstituenten

Das phytochemische Screening der wässrigen Extrakte von *Musa paradisiaca* (AEMO) und der ethanolischen Extrakte von *Musa paradisiaca* (EEMP) ergab das Vorhandensein der folgenden Phytokonstituenten:

Tabelle 18: Phytochemisches Screening der Blütenextrakte von *Musa paradisiaca*

S.Nr.	CHEMISCHER TEST	AEMP	EEMP
	Kohlenhydrate		
1.	Molisch-Test	-	-
2.	Fehlingscher Test	-	-
3.	Benedikts-Test	-	-
	Proteine und Aminosäuren		
4.	Biuret-Test	+	+
5.	Millon-Test	+	+
6.	Ninhydrin-Test	+	+
	Flavonoide		
7.	Ammoniak-Test	+	+
8.	Prüfung mit konzentrierter Schwefelsäure	+	+
9.	Aluminiumchlorid-Test	+	+
	Triterpenoide		
10.	Leibermann-Burchard-Test	-	-
11.	Salkowski-Test	-	-
	Saponine		
12.	Schaum-Test	+	+
	Glykoside		
13.	Baljett-Test	+	++
14.	Rechtliche Prüfung	+	+
	Alkaloide		
15.	Dragendroff'stest	+	+
16.	Mayerscher Test	+	+
17.	Hager'scher Test	+	+
18.	Wagner-Test	+	+
19.	Gerbsäure-Test	+	+
	Gerbstoffe und Phenole		
20.	Eisenchlorid-Test	+	+

(+) Vorhandensein von Phytokonstituenten

(-) Abwesenheit von Phytokonstituenten

Das Screening der Phytokonstituenten wurde für ethanolische und wässrige Extrakte von *Moringa oleifera* und *Musa paradisiaca* durchgeführt. *Die*

Ergebnisse der beiden Extrakte von *Moringa oleifera* zeigen das Vorhandensein von Kohlenhydraten, Proteinen und Flavonoiden. Der Test auf Triterpenoide, Alkaloide, Tannine und Phenole fiel ebenfalls positiv aus. Der Test auf Saponine und Glykoside fiel dagegen negativ aus (Tabelle 17).

Die Ergebnisse für das Screening der in *Musa paradisiaca* vorhandenen Phytokonstituenten waren positiv für Proteine, Aminosäuren, Saponin, Flavonoide, Glykoside, Gerbstoffe und Alkaloide. Der Test auf Kohlenhydrate und Triterpenoide fiel dagegen negativ aus (Tabelle 18).

***In* vitro-Test zur Hemmung der Cholinesterase**

Die Rolle der Cholinesterase bei der neuronalen Übertragung macht sie zu einem wichtigen Angriffspunkt für eine Vielzahl von Cholinesterase-hemmenden Arzneimitteln, die für die Behandlung neurodegenerativer Erkrankungen wie der Alzheimer- und der Parkinson-Krankheit von Bedeutung sind. Wässriger Extrakt aus den Blättern von *Moringa oleifera* (AEMO), ethanolischer Extrakt aus den Blättern von *Moringa oleifera* (EEMO), wässriger Extrakt aus *Musa paradisiaca* (AEMO) und ethanolischer Extrakt aus *Musa paradisiaca* (EEMP) wurden auf ihre AChE- und BuChE-hemmende Aktivität untersucht, die zur Behandlung neurologischer Erkrankungen eingesetzt werden sollen.

Tabelle 19: *In vitro* AChE-hemmende Aktivität von *Moringa oleifera und Musa paradisiaca-Extrakten*

Sl.Nr.	Konzentration (µg/ml)	Prozentsatz der Hemmung (%)				
		AEMO	EEMO	EEMP	AEMP	Rivastigmin
1	2	4.0126	38.0136	74.3104	3.1219	4.3014
2	4	9.4132	54.5126	40.4136	7.5121	11.5204
3	8	15.9162	59.9121	44.8314	13.9017	24.9201
4	16	21.6148	68.8128	53.3614	23.2117	27.2521
5	32	39.1031	77.9124	62.9641	41.6109	47.6213
6	64	46.1129	83.3146	68.3614	49.1129	54.1131

7	128	51.8109	86.2122	71.2109	58.7156	61.8159
IC_{50} Werte (µg/ml)		14.133 ±0.24	34.064 ±0.25	26.726 ±0.21	10.529 ±0.68	29.212 ±0.48

Während des In-vitro-Prozesses bildet sich eine gelb gefärbte Substanz aus Thiocholin, die mit Dithiobisnitrobenzoat-Ionen reagiert und die enzymatische Aktivität misst. Die hemmende Wirkung der Pflanzenextrakte wurde mit der Ellman-Methode[122] bestimmt. Die Hauptaufgabe von AChE ist die Hemmung der Hydrolyse von Acetylcholin in cholinergen Synapsen. Die Blockierung seiner Stoffwechselaktivität und die Senkung der AChE-Konzentration stellen somit eine mögliche symptomatische Behandlungsoption für die neurodegenerative Erkrankung dar. Das Enzym AChE ist für den Abbau von ACh zu Acetat und Cholin im Gehirn verantwortlich. Dieser Zustand führt zu neurologischen Problemen. Das Abbauprodukt von AChE wurde spektrometrisch gemessen.

Der Wert der Absorption der Pflanzenextrakte war dosisabhängig. Die In-vitro-Studie zur AChE-Hemmung zeigt, dass AEMO und AEMP im Vergleich zum Standard-Rivastigmin eine ausgezeichnete Hemmkonstante aufweisen. Wenn die Konzentrationen steigen, erhöhen sich auch die Hemmkonstanten. Die Hemmkonstante (IC_{50}) von AEMO und AEMP beträgt 14,130±0,24 µg/ml bzw. 10,529±0,68 µg/ml. EEMO zeigte eine Hemmkonstante von 34,064±0,25 µg/ml und EEMP zeigte eine IC_{50} von 26,726±0,21 µg/ml (Tabelle 19). Das Standard-Rivastigmin zeigte eine IC_{50} von 29,212 ±0,48 µg/ml. Es wurde beobachtet, dass AEMO- und AEMP-Extrakte die höchste AChE-Aktivität als die des Standard-Rivastigmins aufwiesen.

Tabelle 20: *In vitro* BuChE-hemmende Aktivität von *Moringa oleifera und Musa* paradisiaca-Extrakten

Sl. Nr.	Konzentration (µg/ml)	Prozentsatz der Hemmung (%)				
		AEMO	EEMO	EEMP	AEMP	Rivastigmin
1	2	18.1396	26.2136	20.2917	8.6717	12.4137

2	4	28.4217	44.4909	38.3406	12.3691	18.7928
3	8	34.2139	45.2317	41.7219	18.4279	21.1609
4	16	39.3216	57.3219	44.4130	22.4621	45.3974
5	32	48.5129	60.5107	56.3619	27.3617	51.3616
6	64	54.9210	62.4526	58.9126	31.2917	59.4932
7	128	58.3649	49.8917	60.8179	35.2236	65.5117
IC_{50} Werte (µg/ml)		44.921 ±0.31	24.624 ±0.12	39.371 ±0.62	11.265 ±0.43	33.850 ±0.46

Die hemmende Wirkung von Pflanzenextrakten gegen BuChE wurde mit der Ellman-Methode[172] bestimmt. Bei dieser Methode wird die BuChE-Hemmung mit Hilfe des Substrats S-Butyrylthiocholinjodid und DTNB geschätzt. Bei der Reaktion von Thiocholin mit DTNB-Ion entsteht eine gelbe Farbe, die die enzymatische Aktivität misst.

Die In-vitro-Untersuchung von BuChE zeigt eine dosisabhängige Zunahme der hemmenden Aktivität. EEMO und AEMP zeigten eine hemmende Konstante von 24,624± 0,12 µg/ml bzw. 11,265± 0,43 µg/ml. IC_{50} Werte von EEMP beträgt 39,371± 0,62 µg/ml. Der Extrakt aus AEMO-Blättern zeigt einen IC_{50} Wert von 44,921 ±0,31 µg/ml. Der Standard Rivastigmin hat den IC_{50} Wert von 33,850± 0,64 µg/ml. Es wurde festgestellt, dass EEMO und AEMP die höchste BuChE-hemmende Aktivität aufweisen (Tabelle 20).

Die cholinesterasehemmende Aktivität der wässrigen Extrakte aus *Moringa* oleifera-Blättern (14,130±0,24 µg/mL) war bei der Hemmung der AChE-Aktivität ausgezeichneter als der BuChE-Hemmwert.

Die cholinesterasehemmende Aktivität der wässrigen Extrakte aus *Musa* paradisiaca-Blüten (10,529±0,68 µg/mL) war im Vergleich zum BuChE-Hemmwert eine ausgezeichnete AChE-Hemmaktivität. Es wurde auch festgestellt, dass ethanolische Extrakte von *Musa paradisiaca* ebenfalls eine bemerkenswert bessere BuChE-Hemmaktivität aufweisen. Diese ausgewählten Pflanzen zeigen eine gute cholinesterasehemmende Aktivität.

Aus der In-vitro-Studie ging hervor, dass die wässrigen Extrakte eine bessere hemmende Wirkung zeigten als die Standard- und ethanolischen Extrakte. Daher können die wässrigen Extrakte der beiden Pflanzen AEMO und AEMP für weitere neuroprotektive Forschungsarbeiten *in vivo* verwendet werden, um potenzielle chemische Substanzen für die Behandlung von Alzheimer zu entwickeln.

DISKUSSION

Bewertung der Ähnlichkeit von Drogen

Die Ähnlichkeit von Arzneimitteln bestimmt, ob ein bestimmtes Molekül dem bekannten Arzneimittel ähnlich ist oder nicht. Es ist ein komplexes Gleichgewicht verschiedener Eigenschaften und struktureller Merkmale einer Verbindung[125] .

Die Lipinski-Regel wird meist zur Bestimmung der molekularen Eigenschaften verwendet, die für das pharmakokinetische Verhalten von Arzneimitteln entscheidend sind. Die Arzneimittelähnlichkeit jeder Verbindung wurde mit der Software Molinspiration vorhergesagt, die auf dem Molekulargewicht, der Gesamtzahl der Wasserstoffbrückenbindungsdonatoren, der Gesamtzahl der Wasserstoffbrückenbindungsakzeptoren und dem logP[126] basiert.

Die Lipinski-Regel besagt, dass Verbindungen ein schlechtes Absorptionsvermögen und eine schlechte Bioverfügbarkeit aufweisen, wenn ihr Molekulargewicht > 500g/mol, >5 Wasserstoffbrückenbindungsdonatoren, >5 log P und >10 Wasserstoffbrückenbindungsakzeptoren beträgt. Die molekularen Eigenschaften und die Vorhersage der Arzneimitteleignung der untersuchten Verbindungen sind wesentliche Schritte bei der Arzneimittelentdeckung. Daher wurden alle untersuchten Liganden anhand der Lipinski-Regel von 5[127] auf ihre Arzneimittelähnlichkeit hin bewertet.

Shivalingappa et al. führten eine In-silico-Docking-Studie der bioaktiven Phytokonstituenten von *Cissus quadrangularis Linn.* gegen das Target Peroxisome proliferator-activated gamma (PPAR-γ) durch. Die Arzneimittelähnlichkeit der einzelnen Verbindungen wurde mit Molsoft vorhergesagt. Quercetin erzielte den höchsten Wert für die Arzneimittelähnlichkeit. Von den sieben Verbindungen erzielten vier Verbindungen eine positive Bewertung der Arzneimitteleigenschaften. Qaudrangularin A zeigte die höchste Bindungsaffinität mit dem Zielprotein. Alle Verbindungen wiesen eine Bindungsaffinität mit dem Zielprotein auf, was darauf hindeutet, dass die Verbindungen aus *Cissus quadrangularis* als Zielprotein für PPAR-γ bei der Behandlung von Diabetes eingesetzt werden können. Die Studie schlägt vor, die aktuelle Studie durch die Durchführung von Experimenten im Nasslabor zu unterstützen[128].

In der aktuellen Studie wurde die Ähnlichkeit von Arzneimitteln mit Hilfe der Software Molinspiration bestimmt. Die Phytokonstituenten aus den Blättern von *Moringa olifera* und den Blüten von *Musa paradisiaca* zeigen eine ausgezeichnete Bewertung der Arzneimittelähnlichkeit. Diese Phytokonstituenten weisen keine Verstöße oder akzeptable Unterschiede in Lipinskis 5er-Regel auf. Die Phytokonstituenten weisen bessere physikochemische Eigenschaften auf: MLogP, natoms, MW, nON, nOHNH, nrotb, nviolations-Werte liegen in einem höheren akzeptablen Bereich nach Lipinskis 5er-Regel. Alle Phytokonstituenten haben log P-Werte ≤ 5, außer Tocopherol (9,04).

Diejenigen Phytokonstituenten, die diese Regel erfüllen, haben eine höhere Bioverfügbarkeit. Das Molekulargewicht aller Phytokonstituenten lag unter 500 Dalton. Die Werte der Wasserstoffbrückenbindungs-Akzeptoren liegen unter 10 und die der Wasserstoffbrückenbindungs-Donatoren nicht über 5. Alle Phytokonstituenten weisen einen Verstoßwert von 0 auf, so dass die Phytokonstituenten die Lipinskiregel von 5 erfüllen. Das biologische In-silico-Screening gegen AChE und BuChE wurde mit den Phytokonstituenten unter Verwendung von AutoDock 4.2 durchgeführt.

Bewertung der ADMET-Eigenschaften

Die ADMET-Eigenschaften einer Verbindung befassen sich mit ihrer Absorption, Verteilung, Verstoffwechselung, Ausscheidung und Toxizität im und durch den menschlichen Körper. Zur Bestimmung der biologischen Aktivität und Toxizität von Verbindungen wurden die ADMET-Eigenschaften der Phytochemikalien ermittelt. ADMET stellt das pharmakokinetische Profil eines Arzneimittelmoleküls dar, das für die Bewertung seiner pharmakodynamischen Aktivitäten sehr wichtig ist. Medikamente wurden in den verschiedenen Phasen der klinischen Studien und während der Post-Marketing-Surveillance (Phase 4) vom Markt genommen, weil sie schlechte ADMET-Eigenschaften und unerwünschte Ereignisse aufwiesen, die direkt oder indirekt mit der Molekularstruktur der Medikamente zusammenhängen. Daher spielt die In-silico-Vorhersage der ADMET-Eigenschaften eine wichtige Rolle bei der Identifizierung und Optimierung von Leitstrukturen. Die Software Molinspiration wurde zur Vorhersage von ADMET-Eigenschaften wie Absorption im menschlichen Darm, Penetration durch die Blut-Hirn-Schranke , Caco-2-Permeabilität, Madin-Dary-Kinderniere, Absorption im menschlichen Darm usw.[129] verwendet.

Auch in dieser Studie wurden die ADMET-Eigenschaften von der ausgewählten Phytokonstituenten aus *Moringa olifera* Blättern und *Musa paradisiaca* Blüten mit Hilfe der Pre ADMET-Software bestimmt. Es wurde festgestellt, dass die Phytokonstituenten sowohl eine bessere orale als auch intestinale Absorption aufwiesen. Beim Vergleich der Werte der Phytokonstituenten mit dem Standard Rivastigmin weisen Apigenin, Cyanidin und Tocopherol bessere ADMET-Eigenschaftswerte auf. Apigenin, Cyanidin und Tocopherol haben eine Blut-Hirn-Schranken-Durchdringung von mehr als 2, was ein gutes Ergebnis im Vergleich zum Standard ist. Apigenin, Quercetin, Tocopherol, Vanillin und Luteolin haben eine Punktzahl von mehr als 70%. Die *in silico* ADMET-Vorhersagen ergaben, dass alle Phytokonstituenten gute Absorptions- und Löslichkeitseigenschaften aufweisen. Sie hatten eine bessere orale Absorption und werden sehr schnell wirken.

In-silico-Hemmung der Cholinesterase

Die Docking-Studie ist besonders nützlich als vorbereitender Schritt zur Identifizierung von Liganden. Sie bieten eine schnellere, kostengünstigere und sehr systematische Methode zur Entdeckung von Agonisten. Molekulare Docking-Studien dienen der Vorhersage der Bindungsaffinität eines Liganden an ein bestimmtes Zielprotein. Auf der Grundlage der Arzneimittelähnlichkeit und der ADMET-Eigenschaften wurde das hemmende Potenzial der Phytokonstituenten durch In-silico-Docking-Studien unter Verwendung des genetischen Algorithmus[184] ermittelt. *Madeswaran et al.* haben bestimmte handelsübliche Flavonoide mit Hilfe von In-silico-Docking-Studien gegen die Kristallstruktur des Enzyms Beta-Sekretase untersucht. In diesem Zusammenhang wurden Flavonoide wie Apigenin, Galangin, Gallocatechin, Genistein, Luteolin, Myricetin und Theaflavin ausgewählt.

Für die In-silico-Docking-Studien wurde die Software AutoDock 4.2 verwendet, die auf dem Prinzip des genetischen Lamarckschen Algorithmus beruht. Bei der Bewertung der Docking-Parameter wurden die Bindungsenergie, die Inhibitionskonstante und die intermolekulare Energie als wesentliche Parameter des Liganden gegenüber dem Zielorganismus betrachtet[130] .

Ogidigo et al. untersuchten die hemmende Wirkung der menschlichen Monoaminoxidase B und eine Reihe bioaktiver Liganden aus *Bryophyllum pinnatum* als potenzielle Monoaminoxidase-B-Hemmer. Insbesondere Patuletin hatte die optimale Bindungsaffinität (-10,105 kcal/Mol) im Vergleich zu den Standardmedikamenten Selegilin (-7,82 kcal/Mol) und Rasagilin (-7,82). Es wurde festgestellt, dass Wasserstoffbrückenbindungen zwischen dem 3-OH von Patuletin und Tyr-435 und Ile-199 der aktiven Reste eine entscheidende Rolle bei der Stabilisierung der Ligandenbindung am aktiven Zentrum gespielt haben. Die vorliegende Studie liefert wichtige Informationen für das rationale Wirkstoffdesign potenterer und selektiverer MAO-B-Inhibitoren für die Behandlung neurodegenerativer Erkrankungen[131] .

Vishal et al. führten eine In-silico-Docking-Studie bioaktiver Phytokonstituenten aus *Cissus quadrangularis Linn.* gegen das Target Peroxisome proliferator-activated gamma (PPAR-γ) durch. Von den ausgewählten Verbindungen zeigte Quadrangularin A die höchste Bindungsaffinität (-5,75 kcal/mol) mit PPAR-γ, während Asaron die geringste (-4,25 kcal/mol) zeigte. Betrachtet man die Wasserstoffbrückenbindungsinteraktion, so zeigte Kaempferol mit sechs Bindungen die höchste Anzahl an Wasserstoffbrückenbindungsinteraktionen mit dem PPAR-γ-Rezeptor. GLU A:324, MET A:439 sind die Aminosäurereste des Proteins, die mit Quercetin interagieren. Luteolin interagiert mit zwei Aminosäureresten. Alle Verbindungen zeigten eine Bindungsaffinität mit dem Zielprotein, was darauf hindeutet, dass die Verbindungen aus *Cissus quadrangularis* als Zielprotein für PPAR-γ bei der Behandlung von Diabetes eingesetzt werden können[132] .

In der vorliegenden Studie wurden die Phytokonstituenten aus den Blättern von *Moringa olifera* und den Blüten von *Musa paradisiaca* ausgewählt und für In-silico-Docking-Studien unter Verwendung der Docking-Software AutoDock 4.2 verwendet. AutoDock 4.2 erkennt die Konformationsanalyse des Liganden mit Hilfe des Lamarck'schen genetischen Algorithmus (LGA), der eine Kombination aus einem genetischen Algorithmus und einem adaptiven lokalen Suchalgorithmus ist[133] .

Für jeden Ligandenrest wurde die Wechselwirkungsenergie zwischen dem Ligandenrest und dem Zielenzym für die Bewertung der Bindungsstelle analysiert. Eine schnelle Energieanalyse wurde durch Neuberechnung der atomaren Affinitätsgitter für jedes Atom im Liganden erreicht. AutoDock 4.2 wurde mehrfach ausgeführt, um verschiedene angedockte Konformationsstellungen zu erhalten, und auch zur Bestimmung der vorhergesagten Bindungsenergie, der Hemmkonstante und der intermolekularen Energie der Liganden mit dem Zielenzym verwendet.

Bei den Docking-Studien wurde die Bindungsenergie (BE) jedes bioaktiven Moleküls mit dem Proteinmolekül wie folgt berechnet: BE = A + B + C - D, wobei A die Desolvationsenergie + endgültige intermolekulare Energie + Wasserstoffbrücken + van-der-Walls-Energie + elektrostatische Energie, B die endgültige interne Gesamtenergie, C die freie Torsionsenergie und D die Energie des ungebundenen Systems[134] bezeichnet.

Die aktuellen In-Silico-Docking-Studien ausgewählter Phytokonstituenten in den Blättern von *Moringa olifera* und den Blüten von *Musa paradisiaca* zeigten im Vergleich zu Rivastigmin hervorragende Docking-Parameter und Ausrichtungen gegen AChE und BuChE. Alle zehn Phytokonstituenten zeigten beim Andocken an AChE eine Bindungsenergie zwischen -7,58 kcal/mol und -2,01 kcal/mol im Vergleich zum Standard (-6,73 kcal/mol). Apigenin zeigte eine gute Bindungsenergie (-7,58 kcal/mol) im Vergleich zum Standard-Rivastigmin.

In-silico-Docking-Studien zeigten, dass die ausgewählten Verbindungen im Vergleich zu Rivastigmin (11,63µM) eine ausgezeichnete Hemmkonstante gegenüber AChE (779,31µM bis 1,01µM) aufweisen. Apigenin zeigte eine bessere Hemmkonstante (2,8µM) im Vergleich zum Referenzstandard. Bei allen Verbindungen kommt es zu einer Abnahme der intermolekularen Energie bei gleichzeitiger Abnahme der Bindungsenergie. Apigenin hatte eine bessere Hemmkonstante (-8,77 µM) als der Standard. Die Phytokonstituenten wiesen eine intermolekulare Energie gegenüber AChE auf, die im Vergleich zum Standard (-8,22 kcal/mol) zwischen -8,29 kcal/mol und -4,9 kcal/mol lag.

Die *in silico durchgeführten* Docking-Studien mit BuChE zeigten eine ausgezeichnete Bindungsenergie (6,43 kcal/mol bis -5,56 kcal/mol). Die Bindungsenergie von Quercetin, Apigenin und Cyanidin lag bei -6,74 kcal/mol, -6,43 kcal/mol und -5,96 kcal/mol im Vergleich zum Rivastigmin-Standardwert von -5,69 kcal/mol. Quercetin, Apigenin und Cyanidin sind die Phytokonstituenten, die einen besseren Bindungswert als der Standard aufweisen. Die Hemmungskonstante der Phytokonstituenten reicht von 798,26 µM bis 1,01µM, während die Standard-Rivastigmin-Konstante 67,28 µM beträgt.

Die Ergebnisse der Hemmungskonstanten stimmen mit den Werten für die Bindungsenergie überein. Die Hemmungskonstante von Quercetin, Apigenin und Cyanidin beträgt 11,43 µM, 157,23µM und 152,23 µM. Die besten Werte für die Hemmkonstante von Quercetin, Apigenin und Cyanidin wurden im Vergleich zu Rivastigmin erzielt. Die Phytokonstituenten zeigten eine intermolekulare Energie gegenüber AChE im Bereich von -8,29 kcal/mol bis -4,9 kcal/mol im Vergleich zu Standard-Rivastigmin -8,22 kcal/mol. Quercetin, Apigenin und Cyanidin zeigten eine bessere Hemmkonstante -8,53 µM, -6,24 µM und -6,27 µM im Vergleich zum Referenz-Rivastigmin.

Apigenin hat einen ähnlichen Aminosäurerest gegen AChE wie das Standard-Rivastigmin, wenn man die angedockte Orientierung interpretiert. Die Aminosäuren LEU 540, PRO 277, GLU 234 und ASN 233 sind in Apigenin und im Standard-Rivastigmin vorhanden. Die Docking-Interaktion der anderen

Phytokonstituenten ist gut und weist genügend Aminosäurereste auf, aber die Orientierungen waren nicht mit denen von Rivastigmin vergleichbar.

Es wurde festgestellt, dass Quercetin, Apigenin und Cyanidin eine bessere Docking-Interaktion mit BuChE aufweisen. PRO 285 und ASP 68 Aminosäurereste als gemeinsam mit dem Standard und Quercetin. Apigenin zeigte die Aminosäurereste SER 287, VAL 361 und TYR 396 gegen BuChE wie bei Rivastigmin. Auch Cyanidin hat LEU 236, PRO 285 und TYR 396 Aminosäurereste, die den wenigen Aminosäureresten des Standard-Rivastigmins ähnlich sind.

Bewertung der hemmenden Wirkung von Cholinesterase *in vitro*

Neurodegenerative Erkrankungen sind altersbedingte Zustände, die durch ein unkontrolliertes Absterben von Nervenzellen gekennzeichnet sind und zu einem fortschreitenden Rückgang der Gehirnfunktionen führen. In-vitro-Tests können die Dauer und die Kosten der Translation verringern, indem sie dazu beitragen, den Wirkmechanismus und die damit verbundenen Risiken zu ermitteln. Es wurden mehrere In-vitro-Ansätze entwickelt, um die Ätiologie und Pathogenese eines breiten Spektrums neurodegenerativer Erkrankungen zu verstehen[135] .

Madeswaran et al. identifizierten das hemmende Affinitätspotenzial bestimmter handelsüblicher Flavonoide gegen das Enzym Acetylcholinesterase (AChE) anhand von In-silico- und In-vitro-Studien. Die hemmenden Profile der Verbindungen wurden mit dem Standard-AChE-Hemmer Donepezil verglichen. Auf der Grundlage der In-silico-Studien wurden die Verbindungen für den In-vitro-AChE-Hemmtest ausgewählt. Die In-vitro-Ergebnisse zeigten, dass alle ausgewählten Flavonoide eine ausgezeichnete konzentrationsabhängige Hemmung von AChE zeigten. Scopoletin erwies sich als der stärkste und spezifischste Inhibitor des Enzyms mit IC_{50} Werten von 10,18±0,68 μM[136] .

In dieser Studie wurden die wässrigen und ethanolischen Extrakte von *Moringa* oleifera-Blättern und *Musa* paradisiaca-Blütenextrakten hergestellt, um die Hemmung der AChE- und BuChE-Aktivität zu bewerten. Für die Extrakte aus

Moringa oleifera-Blättern gegen AChE wurden folgende IC-Werte ermittelt:$_{50}$: *Moringa oleifera* Blätter ethanolische Extrakte (EEMO): 34,064±0,25 µg/ml; *Moringa oleifera* Blätter wässriger Extrakt (AEMO): 14,130±0,24 µg/ml. Von den Extrakten aus *Moringa* oleifera-Blättern gegen BuChE: Ethanolischer Extrakt aus *Moringa* oleifera-Blättern (EEMO): 24,624 ±0,12 µg/mL; und wässriger Extrakt aus *Moringa* oleifera-Blättern (AEMO): 44,921± 0,31 µg/ml. Beim Vergleich der IC-Werte$_{50}$ von ethanolischen und wässrigen Extrakten aus *Moringa* oleifera-Blättern wurde festgestellt, dass die AChE-hemmende Aktivität in AEMO höher und die BuChE-hemmende Aktivität in EEMO besser ist. Die cholinesterasehemmende Aktivität der wässrigen Extrakte aus *Moringa* oleifera-Blättern (14,130±0,24 µg/mL) war bei der Hemmung der AChE-Aktivität ausgezeichneter als beim BuChE-Hemmwert.

Für die Extrakte aus *Musa* paradisiaca-Blüten gegen AChE wurden folgende IC-Werte$_{50}$ ermittelt: Ethanolische Extrakte aus *Musa* paradisiaca-Blüten (EEMP): 26,726± 0,21 µg/mL; wässriger Extrakt aus *Musa* paradisiaca-Blüten (AEMP): 10,529±0,68 µg/mL. Von den *Musa* paradisiaca-Blütenextrakten gegen BuChE: *Musa* paradisiaca-Blüten ethanolischer Extrakt (EEMP): 39,371± 0,62 µg/mL; und *Musa* paradisiaca-Blüten wässriger Extrakt (AEMP): 11,265± 0. 43 µg/mL. Die cholinesterasehemmende Aktivität der wässrigen Extrakte von *Musa* paradisiaca-Blüten (10,529±0,68 µg/mL) war im Vergleich zum BuChE-Hemmwert eine ausgezeichnete Hemmung der AChE-Aktivität.

In der aktuellen Studie wurde die cholinesterasehemmende Aktivität von Extrakten aus den Blättern von *Moringa oleifera* und aus den Blüten von *Musa paradisiaca* bestimmt. Es wurde festgestellt, dass der wässrige Extrakt aus *Musa paradisiaca* Blüten eine bemerkenswert gute AChE-Hemmaktivität aufweist. Es wurde auch festgestellt, dass wässrige Extrakte von Musa *paradisiaca* auch eine bemerkenswert bessere BuChE-Hemmaktivität aufweisen. Diese ausgewählten Pflanzen zeigen eine gute cholinesterasehemmende Aktivität. Weitere In-vivo-Studien müssen durchgeführt werden, um potenzielle Wirkstoffe zu identifizieren, die für die Behandlung von Alzheimer eingesetzt werden könnten.

ZUSAMMENFASSUNG UND SCHLUSSFOLGERUNG

In der traditionellen Medizin sind mehrere Pflanzen zur Behandlung von Neurodegeneration bekannt. In den letzten zehn Jahren ist auch ein starkes Interesse an pflanzlichen Arzneimitteln zu verzeichnen, deren phytochemische Bestandteile langfristig gesundheitsfördernde Eigenschaften haben können. Phytochemische Stoffe aus Heilpflanzen spielen eine wichtige Rolle bei der Aufrechterhaltung des chemischen Gleichgewichts des Körpers. Viele Heilpflanzen üben neuroprotektive Wirkungen aus, die bei der Behandlung der Alzheimer-Krankheit eingesetzt werden können. Die Studie zeigte die Verwendung der ausgewählten Pflanzen für die neuroprotektive Wirkung und zur Begründung der Rolle der aktiven Prinzipien in den Pflanzen. Die aktuelle Arbeit kann auf die klinische Behandlung von neurologischen Störungen angewendet werden.

Die In-silico-Bewertung der ausgewählten Phytokonstituenten aus den Pflanzenextrakten von *Moringa oleifera-Blättern* und *Musa* paradisiaca-Blüten zeigt, dass alle zehn Phytokonstituenten eine gute Bindungsenergie sowie gute Docking-Werte aufweisen. Die AChE- und BuChE-hemmende Aktivität der Extrakte kann auch in den Docking-Studien anhand der verschiedenen Docking-Werte nachgewiesen werden. Beim Andocken der Phytokonstituenten der ausgewählten Pflanzen zeigte Apigenin im Vergleich zum Standard Rivastigmin eine gute Bindungsenergie bei der Ermittlung der AChE-Hemmaktivität, und die BuChE-Hemmaktivität war bei Quercetin, Apigenin und Cyanidin im Vergleich zum Standard ausgezeichnet.

Diese aktuelle Studie zur In-vitro-Bewertung der AChE- und BuChE-Hemmaktivität der Pflanzenextrakte wurde für ethanolische Extrakte aus *Moringa* oleifera-Blättern (EEMO), wässrige Extrakte aus *Moringa* oleifera-Blättern (AEMO), ethanolische Extrakte aus *Musa* paradisiaca-Blüten (EEMP) und wässrige Extrakte aus *Musa* paradisiaca-Blüten (AEMP) durchgeführt. In dieser Studie wurde festgestellt, dass die Hemmkonstante von AEMP eine bemerkenswert gute AChE-Hemmaktivität aufweist und dass EEMP eine bemerkenswert gute BuChE-Hemmaktivität zeigt. EEMO und EEMP können für weitere In-vivo-Studien verwendet werden, und es müssen klinische Studien durchgeführt werden, um wirksame chemische Substanzen für die Behandlung von Alzheimer zu entwickeln.

REFERENZEN

1. Marc N, Branch D, Schaal W. Roles and characteristics of theory in behavioral Pharmacology. J Exp Anal Behav. 1990; 1: 171-91.
2. Jeffrey KA. Ein Manifest für die klinische Pharmakologie von den Grundsätzen zur Praxis. Br J Clin Pharmacol. 2010; 70: 1-14.
3. Koho M, Yasushi M. Klinische Manifestation neuropsychiatrischer Störungen. Neuropsychiatr. Dis Treat. 2010; 2(1): 3-15.
4. Srivastava AK, Kalita PD, Ray M, Misra UK. Untersuchungen zur Erzeugung freier Radikale durch Neuronen in einem Rattenmodell der zerebralen Venenthrombose. Neuroscience Letters. 2009; 450(2): 127-31.
5. Tan EK, Amit K, David A, Mahendra PS, Yiying Z. Neurodegeneration: Ätiologien und neue Therapien. BioMed Res Int. 2015; 2: 1-3.
6. Bak TH, Chandran S. Was zusammen verdrahtet ist, stirbt zusammen: Verben, Handlungen und Neurodegeneration bei Motoneuronerkrankungen. Cortex. 2012; 48: 936-44.
7. Finkbeiner S. Huntington's disease. Cold Spring Har Perspect in Biol. 2011; 3: 1-24.
8. Jaiswal M. Therapeutische Möglichkeiten und Herausforderungen von aus induzierten pluripotenten Stammzellen abgeleiteten Motoneuronen für die Behandlung von amyotropher Lateralsklerose und Motoneuronerkrankungen. Neural Regen Res. 2017; 12: 723-36.
9. Canter RG, Penney J, Tsai LH. Der Weg zur Wiederherstellung neuronaler Schaltkreise für die Behandlung der Alzheimer-Krankheit. Nature. 2016; 539: 187-96.
10. Hebert LE, Beckett LA, Scherr PA, Evan DA. Jährliche Inzidenz der Alzheimer-Krankheit in den Vereinigten Staaten, hochgerechnet auf das Jahr 2000 bis 2050. Alzheimer Dis. Assoc. Disord. 2001; 15: 169-73.
11. Brookmeyer R, Gray S, Kawas C. Projektionen der Alzheimer-Krankheit in den Vereinigten Staaten und Auswirkungen einer Verzögerung des Krankheitsausbruchs auf die öffentliche Gesundheit. Am J Public Health. 1998; 88: 1337-442.
12. Lin MT, Beal MF. Mitochondriale Dysfunktion und oxidativer Stress bei

neurodegenerativen Erkrankungen. Nature. 2006; 443 (7113): 787-95.

13. Rubinsztein DC. Die Rolle intrazellulärer Proteinabbaupfade bei der Neurodegeneration. Nature. 2006; 443(7113): 780-6.
14. Thompson LM. Neurodegeneration: eine Frage des Gleichgewichts. Nature. 2018; 452(7188): 707-8.
15. Marsh JL, Lukacsovich T, Thompson LM. Tiermodelle für Polyglutaminkrankheiten und therapeutische Ansätze. J Biol Chem. 2009; 284(12): 7431-5.
16. Orr HT. Minireview-Serie über instabile Nukleotidwiederholungen: Eine molekulare Biographie von Störungen durch instabile Wiederholungen. J Biol Chem. 2009; 284(12): 7405-15.
17. Zoghbi HY, Orr HT. Pathogenetische Mechanismen einer polyglutaminvermittelten neurodegenerativen Erkrankung, der spinozerebellären Ataxie Typ 1. J Biol Chem. 2009; 284(12): 7425-9.
18. Wenk GL. Neuropathologische Veränderungen bei der Alzheimer-Krankheit. J Clin Psychiatry. 2003; 9: 7-10.
19. Bredesen DE, Rao RV, Mehlen P. Zelltod im Nervensystem. Nature. 2016; 443 (7113): 796-02.
20. Mecocci P, Cherubini A, Polidori M, Cecchetti R, Chionne F, Senin U. Oxidative Schädigung der DNA. Ann Neurol. 1997; 9(4): 51-2.
21. Pratico D. Beweise für oxidativen Stress im Gehirn bei der Alzheimer-Krankheit und antioxidative Therapie: Licht und Schatten. Ann N Y Acad Sci. 2008; 1147: 70-8.
22. Mattson MP. Exzitotoxische und exzitoprotektive Mechanismen: Vielfältige Ziele für die Prävention und Behandlung neurodegenerativer Erkrankungen. Neuromol Med. 2003; 3: 65-94.
23. Beal MF. Führt eine Beeinträchtigung des Energiestoffwechsels zum exzitotoxischen Neuronentod bei neurodegenerativen Erkrankungen? Ann Neurol. 1992; 31: 119-30.
24. Ewen BS. Schutz und Schädigung durch akuten und chronischen Stress: Allostase und allostatische Überlastung und ihre Bedeutung für die

Pathophysiologie psychiatrischer Störungen. Ann N Y Acad Sci. 2004; 1032: 1-7.

25. Alzheimer-Gesellschaft. Fakten und Zahlen zur Alzheimer-Krankheit. Alzheimers Dement. 2019; 15(3): 321-87.

26. Reitz C, Mayeux R. Alzheimer-Krankheit: Epidemiologie, Diagnosekriterien, Risikofaktoren und Biomarker. Biochem Pharmacol. 2014; 88(4): 640-51.

27. Bird TD, Miller BL. Die Alzheimer-Krankheit und primäre Demenzerkrankungen. In Fauci AS, Braunwald E, editors. Harrison's Principles of Internal Medicine. 17th ed. New York: McGraw-Hill; 2008: 2393-406.

28. Ahmed T, Gilani AH. Therapeutisches Potenzial von Kurkuma bei der Alzheimer-Krankheit: Curcumin or curcuminoids. Phytother Res. 2014; 8(4): 517-25.

29. Sramek JJ, Cutler NR. Neueste Entwicklungen in der medikamentösen Behandlung der Alzheimer-Krankheit. Drugs Aging. 1999; 14(5): 359-73.

30. Geldenhuys WJ, Darvesh AS. Pharmakotherapie der Alzheimer-Krankheit: Aktuelle und zukünftige Trends. Expert Rev Neurother. 2015; 15(1): 3-5.

31. Adwan L, Zawia NH. Epigenetik: Ein neuer therapeutischer Ansatz für die Behandlung der Alzheimer-Krankheit. Pharmacol Ther. 2013; 139(1): 41-50.

32. Dodel R, Hampel H, Depboylu C. Humane Antikörper gegen Amyloid-Beta-Peptid: Eine mögliche Behandlung der Alzheimer-Krankheit. Ann Neurol. 2002; 52(2): 253-56.

33. Guzior N, Wieckowska A, Panek D. Jüngste Entwicklung multifunktionaler Wirkstoffe als potenzielle Arzneimittelkandidaten für die Behandlung der Alzheimer-Krankheit. Curr Med Chem. 2015; 22(3): 373-404.

34. Hayne DJ, Lim S, Donnelly PS. Metal complexes designed to bind to amyloid-[small beta] for the diagnosis and treatment of Alzheimer's

disease. Chem Soc Rev. 2014; 43(19): 6701-15.

35. Wang J, Bi W, Cheng A. Targeting multiple pathogenic mechanisms with polyphenols for the treatment of Alzheimer's disease - Experimenteller Ansatz und therapeutische Implikationen. Front Aging Neurosci. 2014; 6: 42-8.
36. Forlenza OV, De-Paula VJR, Diniz BSO. Neuroprotektive Wirkungen von Lithium: Auswirkungen auf die Behandlung der Alzheimer-Krankheit und verwandter neurodegenerativer Störungen. ACS Chem Neurosci. 2014; 5(6): 443-50.
37. Cottingham MG, Hollinshead MS, Vaux DJ. Bildung von Amyloidfibrillen durch ein synthetisches Peptid aus einer Region der menschlichen Acetylcholinesterase, die dem Amyloid-beta-Peptid der Alzheimer-Krankheit homolog ist. J Biochem. 2002; 41(46): 13539-47.
38. Inestrosa NC, Alvarez A, Perez CA, Moreno RD, Vicentem M, Linker C, *et al.* Acetylcholinesterase beschleunigt den Zusammenbau von Amyloid-β-Peptiden zu Alzheimer-Fibrillen: mögliche Rolle der peripheren Stelle des Enzyms. Neuron. 1996; 16: 881-91.
39. Ferrari GV, Canales MA, Shin I, Weiner LM, Silman I, Inestrosa NC, *et al.* A structural motif of acetylcholinesterase that promoteamyloid β-peptide fibril formation. J Biochemi. 2001; 40: 10447-57.
40. Alvarez A, Alarcon R, Opazo C, Campos EO, Munoz FJ, Calderon FH, *et al.* Stabile Komplexe zwischen Acetylcholinesterase und Amyloid-β-Peptid verändern die biochemischen Eigenschaften des Enzyms und erhöhen die Neurotoxizität von Alzheimer-Fibrillen. J Neurosci. 1998; 18: 3213-23.
41. Rees T, Hammond PI, Soreq H, Younkin S, Brimijoin S. Acetylcholinesterase fördert β-Amyloid-Plaques in der Großhirnrinde. Neurobiol Aging. 2003; 24: 777-87.
42. Perry EK, Perry RH, Blessed G, Tomlinson BE. Veränderungen der Cholinesterasen im Gehirn bei seniler Demenz vom Alzheimer-Typ. Neuropathol Appl Neurobiol. 1978; 4: 273-7.

43. Mesulam M, Geula C. Die Butyrylcholinesterase-Reaktivität unterscheidet die Amyloid-Plaques des Alterns von denen der Demenz. Ann Neurol. 1994;
36: 722-7.
44. Izat N, Yerlikaya F, Capan Y. Ein Blick auf die Geschichte der pharmazeutischen Qualität durch Design. Drug Des Devel Ther. 2014; 2(1): 1-11.
45. Ollenaere JP. Die Rolle des strukturbasierten Ligandendesigns und der molekularen Modellierung bei der Arzneimittelentdeckung. Pharma World Sci. 2011; 18(2): 56-62.
46. Imming P, Sinning C, Meyer A. Drugs, their targets and the nature and number of drug targets. Nat Rev Drug Discov. 2006; 5(10): 821-34.
47. Tollenaere JP. Die Rolle des strukturbasierten Ligandendesigns und der molekularen Modellierung in der Arzneimittelentdeckung. Pharm World Sci. 1996; 18 (2): 56-62.
48. Schneider G, Fechner U. Computergestütztes de novo Design von arzneimittelähnlichen Molekülen. Nat Rev Drug Discov. 2005; 4 (8): 649-63.
49. Subbaro J, Rich S, Jim H, Nick D, Jose D, Frank K. Different types of drug design in biopharma. Pharma World Sci. 2017; 1(1): 1-4.
50. Harren J, Andrew RL. Strukturbasierte Arzneimittelentdeckung. J Am Chem Soc. 2007; 129: 10042-4.
51. Meng X, Zhang H, Mezei M, Cui M. Molecular Docking: Ein leistungsstarker Ansatz für die strukturbasierte Arzneimittelentdeckung. Curr Comput Aided Drug Des. 2011; 7(2): 146-57.
52. Bajorath J. Integration von virtuellem und Hochdurchsatz-Screening. Nat Rev Drug Discov. 2002; 1: 882-94.
53. Hans B. Understanding of drug targets. Angew Chem Int Ed Engl. 1983; 22(22): 816-28.
54. Ayaz MD, ShafiaM. Molekulares Andocken: Ansätze, Arten, Anwendungen und technische Herausforderungen. J Anal Bioanal Tech.

2017; 8: 2-7.

55. Michelle LL, William LJ. Computational approaches to molecular recognition. Curr Opin Chem Biol. 1997; 1(4); 449-57.
56. Brian KS, Susan LM, Binqing W, John JI. Entdeckung von Leitstrukturen durch molekulares Docking. Curr Opin Chem Biol. 2002; 6(4): 439-46.
57. Holt PA, Chaires JB, Trent JO. Molekulares Docking von Interkalatoren und Rillenbindern an Nukleinsäuren mit Autodock und Surflex. J Chem Inf Model. 2008; 48: 1602-15
58. Elokely KM, Doerksen RJ. Docking-Herausforderung: Proteinproben und molekulare Docking-Leistung. J Chem Inf Model. 2013; 53: 1934-45.
59. Totrov M, Abagyan R. Flexibles Andocken von Liganden an mehrere Rezeptorkonformationen: Eine praktische Alternative. Curr Opin Struct Biol. 2008; 18: 178-84.
60. Cho AE, Rinaldo D. Extension of QM/MM docking and its applications to metalloproteins. J Comput Chem. 2009; 30: 2609-16.
61. Drie VJH. Computergestütztes Wirkstoffdesign: die nächsten 20 Jahre. J Comput Aided Mol Des. 2007; 21(11): 591-601.
62. Chen R, Li L, Weng Z. ZDOCK: An initial-stage protein-docking algorithm. Proteins. 2003; 52(1): 80-7.
63. Zhifeng L, Yujie L, Guangming Z, Binbin S, Ming C, Zhigang, *et al.* Application of molecular docking for the degradation of organic pollutants in the environmental remediation: A review. Chemosphere. 2018; (203): 139-50.
64. Bartuzi, D., Kaczor AA, Targowska-Duda KM, Matosiuk D. Recent advances and applications of molecular docking to G protein coupled receptors. Molecules. 2017; 22(2): 340-8.
65. Ipinski CA. Blei- und arzneimittelähnliche Verbindungen: die Revolution der Fünfer-Regel. Drug Discov Today Technol. 2014; 1(4): 337-40.
66. Jayaram B, Tanya S, Goutam M, Abhinav M, Shashank S, Vandana S. Ein frei zugänglicher Webserver für die zielgerichtete Entdeckung von Leitmolekülen. J Bioinform. 2012; 2(3): 13-20.

67. Swerdlow JL. Die moderne Wissenschaft macht sich Heilpflanzen zu eigen. J Gen Intern Med. 2008; 23(2): 110-57.
68. Sathayamorthy P. Analyse indischer Heilpflanzen auf Schwermetalltoxizität. Int J Herb Med. 2006; 24(2): 12-5.
69. Vickers A, Zollman C, Lee R. Kräutermedizin. West J Med. 2001; 175(2): 125-8.
70. Singh R. Medicinal Plants: A Review. J Plant Sci. 2015; 2(1): 50-5.
71. Ratheesh G, Tian L, Venugopal JR. Role of medicinal plants in neurodegenerative diseases. Bio manuf Rev. 2017; 2(2): 2-10.
72. Khazdair R, Mohammad Z. Neuroprotektive Effekte von Heilpflanzen und ihren Bestandteilen auf verschiedene induzierte Neurotoxizitätsmethoden. J Rep Pharma Sci. 2017; 6(1): 34-50.
73. Virmani A, Pinto L, Binienda Z, Ali S. Food, nutrigenomics, and neurodegeneration-neuroprotection by what you eat. Mol Neurobiol. 2013; 48: 353-62.
74. Suk K. Regulierung der Neuroinflammation durch Kräutermedizin und ihre Auswirkungen auf neurodegenerative Erkrankungen. Neurosignale. 2005; 14: 23-33.
75. Adams M, Gmunder F, Hamburger M. Pflanzen, die traditionell bei altersbedingten Hirnstörungen verwendet werden - ein Überblick über die ethnobotanische Literatur. J Ethnopharmacol. 2007; 113(3): 363-81.
76. Saini RK, Sivanesan I, Keum YS. Phytochemicals of *Moringa oleifera*: A review of their nutritional, therapeutic and industrial significance. Biotech. 2016; 6(2): 203-14.
77. Ayerza R. Seed yield components, oil content, and fatty acid composition of two cultivars of moringa (*Moringa oleifera)* growing in the Arid Chaco of Argentina. Ind Crops Prod. 2011; 33: 389-94.
78. Sharma V, Paliwal R, Sharma P, Sharma S. Phytochemical analysis and evaluation of antioxidant activities of hydro-ethanolic extract of *Moringa oleifera* pods. J Pharm Res. 2011; 4: 554-7.
79. Anwar F, Latif S, Ashraf M, Gilani AH. *Moringa oleifera:* Eine Nahrungspflanze mit vielfältigen medizinischen Anwendungen. Phytother

Res. 2007; 21: 17-25.

80. Gopalakrishnan L, Doriya K, Kumar DS. *Moringa oleifera*: Ein Überblick über die Bedeutung des Nährstoffs und seine medizinische Anwendung. Food Sci Hum Wellness. 2016; 5: 49-56.
81. Weremfo A, Adinortey MB, Advan AN. Hämostatische Wirkung des Stammsaftes von *Musa paradisiaca L.* (Musaceae) bei Meerschweinchen. Biol Res. 2011; 5: 190-2.
82. Jaber H, Baydoun E, EL-Zein O, Kreydiyyeh SI. Antihyperglykämische Wirkung des wässrigen Extrakts von Bananenfruchtständen bei Streptozotocin-induzierten diabetischen Ratten. Plant Foods Hum Nutr. 2013; 68: 83-9.
83. Ilkayorhan K. Biologische Aktivitäten von Musa-Arten. J Fac Pharm. 2001; 30: 39-50.
84. Abiodunsolanke AO, Falade KO. Eine Übersicht über die Verwendungszwecke und Methoden der Verarbeitung von Bananen und Kochbananen (*Musa spp.*) zu Lebensmitteln. J Agric Res Dev. 2010; 9: 65-72.
85. Suman C, Suresh K. In-silico-Analyse der Bindungsinteraktion von Phytokomponenten mit dem N-Methyl-D-Aspartat-Rezeptor für den potenziellen therapeutischen Einsatz bei der Alzheimer-Krankheit. Pharmacogn Mag. 2020; 14(59): 638-44.
86. Surabhi P, Singh BK. De-novo drug design, molekulares Docking und *in silico* molekulare Vorhersage von AchEI-Analoga durch CADD-Ansätze als Mittel gegen Alzheimer. Curr Comput Aid Drug. 2020; 16: 54-72.
87. Madeshwaran A. Computational evaluation of certain flavonoids against poly (ADP-Ribose) Polymerase-1 using *in silico* docking studies. Int J Phytopharm. 2019; 9(1): 4990-6.
88. Satish A, Murali M, Chandra R, Asna U. *Ex vivo* and *in silico* molecular docking studies of aldose reductase inhibitory activity of apigenin from *Morus indica* L. J Young Pharm. 2019; 11(1): 10-4.

89. Dhanalakshmi R, Manimekalai P, Manavalan R. *In silico* molecular docking studies on the phytoconstituents of *Corchorus trilocularis (linn.)* for its anti-atherosclerotic activity and ADMET prediction. Int J Pharm Sci. 2018; 9(9): 3839-44.
90. Ashwini S, Shine PV, Manjula S. *In silico* docking of polyphenolic compounds against caspase 3-HeLa cell line protein. Int J Drug Dev Res. 2017; 9: 28-32.
91. Dhanalakshmi R, Manavalan R. *In silico* docking approach for anti-atherosclerotic activity of phytoconstituents of *Corchorus aestuans* and admet prediction. Asian J Pharm Clin Res. 2015; 8(2): 350-3.
92. Syed AM, Amjad A, Tariq I, Rehan Z. In-silico-Studie von antikarzinogenen Lysyloxidase-ähnlichen 2-Inhibitoren. Comp Biol Chem. 2014; 3: 12-5.
93. Sarah M, Osama M, Sanaa M. Antihyperglykämische Effekte und Wirkungsweise von hydroethanolischen Extrakten aus *Musa* paradisiaca-Blättern und -Fruchtschalen bei Nikotinamid/Streptozotocin-induzierten diabetischen Ratten. Evid Based Complementary Altern. 2020; 1-18.
94. Khizar A, Rizwani GH, Hina Z, Shareef H, Taqi MM. *Musa paradisiaca* kann die Morphologie und Funktion der Bauchspeicheldrüse wiederherstellen, um ihre antidiabetischen und hypolipidämischen Aktivitäten bei Alloxon-induzierten diabetischen Ratten auszulösen. Med Aromat Plants. 2019; 8: 333-43.
95. Pritt V, Shravan KS, Shikher V, Surya PS, Rao CV, Sajal S *et al.* Assessment of hepatoprotective activity of *Musa paradisica linn.* whole plant extract against carbon tetrachloride induced hepatotoxicity in *wistar* rats. Int J Pharm Sci Res. 2017; 14: 126-31.
96. Jayashree A, Swagata K, Bratati D. Metabolitenprofil und Bioaktivität von *Musa paradisiaca l.* Blütenextrakten. J Food Biochem. 2016; 2: 1745-813.
97. Meenashree B, Vasanthi VJ, Mary RNI. Bewertung des Gesamtphenolgehalts und der antimikrobiellen Aktivitäten der Blattextrakte von *Musa acuminate.* Int J Curr Microbiol Appl Sci. 2014; 3:

136-41.

98. Sidiqat AS, Ganiyu O. Antioxidative Eigenschaften von wässrigen Extrakten der unreifen *Musa paradisiaca* auf die durch Natriumnitroprussid induzierte Lipidperoxidation in der Rattenpankreas *in vitro*. Asian Pac J Trop Biomed. 2013; 3(6): 449-57.
99. Azizah M, Nurziana N, Muhammad NO. Phytochemische Inhaltsstoffe und antioxidative Aktivitäten in *Musa paradisiaca* niedriger. Eur J Res. 2011; 66(2): 311-8.
100. Ratna C, Sanjukta D, Sauradip S, Rajarshi C, Debajit B, Santinath G, *et al. In vitro* antioxidative Aktivität verschiedener Sorten von in Indien erhältlichen Extrakten aus Bananenblüten (*Musa paradicicus L.*). J Food Sci.2011; 76(9): 1292-300.
101. Ajayi TO, Moody JO, Odumuwagun OJ, Olugbuyiro JA. Lipid-veränderndes Potenzial von *Moringa oleifera* Lam-Samenextrakt und isolierten Bestandteilen in *Wistar-Ratten*. J Biomed Res. 2020; 1: 77-85.
102. Maria C, Eduardo JE, Patricia TA, Alberto NT, Quezada AC. Effect of *Moringa oleifera* seed extract on antioxidant activity and sperm characteristics in cryopreserved ram semen. J Appl Anim Res. 2019; 48(1): 114-20.
103. Ahmed GH, Kadria N, Abdel MH, Soad EH, Abdelaziz MM, Nagwa IT, *et al.* Vergleichende ovizide Aktivität von *Moringa oleifera* Blattextrakten auf *Fasciola gigantica* Eier. Vet World. 2018; 11: 215-20.
104. Gonzalez ME, Martinez-Gonzalez CL, Flores-Carrillo M, Luna-Nophal SI, Contreras-Murillo G, *et al.* Behavioral and electroencephalographic evaluation of the anticonvulsive activity of *Moringa oleifera* leaf non-polar extracts and one metabolite in PTZ-induced seizures. Phytomedicine. 2018; 15(39): 1-9.
105. Raujo LC, Aguiar JS, Napoleao TH, Mota FV, Barros AL. Bewertung der zytotoxischen und entzündungshemmenden Aktivitäten von Extrakten und Lektinen aus *Moringa* oleifera-Samen. PLoS One. 2013; 8(12): 81973-82.

106. Fahmy TA, Nahla SH, Rehab R. Abdrabou S. Potential activity of *Moringa Oleifera* leaf extract and some active ingredients against diabetes in rats. Int J Sci Res. 2015; 6(5):1-11.

107. Sunday EA, Joy C, Gabriel A, Beate P, Roswitha H, Gerd W *et al.* Evaluation of the polyphenol content and antioxidant properties of methanol extracts of the leaves, stem and root barks of *Moringa oleifera* Lam. J Med Food. 2010; 13(3): 710-6.

108. Sundaramoorthy P, Packiam K. *In vitro* enzyminhibitorische und zytotoxische Studien mit *Evolvulus alsinoides Linn.* Blattextrakt: eine Pflanze aus dem Ayurveda, die als Dasapushpam für die Behandlung der Alzheimer-Krankheit und des Diabetes mellitus anerkannt ist. BMC Complement Med Ther. 2020; 20: 129-36.

109. Rahmani A, Zineb D, Ali R. *In* vitro-Hemmung des Enzyms α-Amylase, phytochemische Untersuchung und antioxidative Kapazität von Extrakten aus *Cupressus sempervirens*, die in trockenem Klima wachsen. Asian J Chem. 2019; 12: 359-65.

110. Kader S, Belma ZK, Fatih S, Serdar D. Neuartige ache- und bche-Inhibitoren durch kombiniertes virtuelles Screening, Textmining und In-vitro-Bindungsversuche. J Biomol Struct Dyn. 2019; 3: 1-36.

111. Ting Z, Ke-min D, Lei Z, Xue-mei C, Chang HW, Zheng TW. Acetylcholinesterase und Butyrylcholinesterase hemmende Aktivitäten von *β*-Carbolin- und Chinolin-Alkaloid-Derivaten aus den Pflanzen der Gattung *Peganum*. J *Chem. 2018; 1: 1-6.*

112. Suman C, Shivani S, Suresh K. *In vitro* Anti-Acetylcholinesterase-Aktivität eines wässrigen Extrakts von *Unicaria tomentosa* und In-silico-Studie seiner aktiven Bestandteile. J Bioinform. 2016; 12(3): 112-8.

113. Lakshmi T, Rajendran R. *In vitro* acetyl cholinesterase inhibitory assay of *Acacia catechu willd* ethanolic seed extract. Pharmacogn J. 2015; 2(5): 1-4.

114. Sindhu SR, Vaibhavi K, Anshu M. *In* vitro-Studien zur Hemmwirkung ausgewählter Pflanzenextrakte auf Alpha-Amylase und Alpha-Glucosidase. Euro J Exp Bio. 2013; 3(1): 128-32.

115. Shailza SM, Balwant KJ, Durlabh KC. Molekulare Wirkstoffziele und strukturbasiertes Wirkstoffdesign: Ein ganzheitlicher Ansatz. Bioinformation. 2006; 1(18): 314-20.

116. Terry LF. Liganden-Protein-Docking und rationales Arzneimittel-Design. Curr Opin Struct Biol. 1995; 5(2): 224-8.

117. Morris GM, Huey R, William L, Sanner MF, Richard K, Belew DS, *et al.*, AutoDock4 und AutoDockTools4: Automatisiertes Docking mit selektiver Rezeptorflexibilität. J Comput Chem. 2009; 30(16): 2785-91.

118. Madeswaran A, Umamaheswari M, Asokkumar K, Sivashanmugam T, Subhadradevi V, Jagannath P. *In silico* docking studies of phosphodiesterase inhibitory activity of commercially available flavonoids. Orient Pharm Exp Med. 2012; 12: 301-6.

119. Satish A, Sairam S, Ahmed F. *Moringa oleifera* Lam.: Protease-Aktivität gegen die Blutgerinnungskaskade. Pheog Res. 2012; 4(1): 44-9.

120. Venkatesh R, Krishna V, Girish KK, Pradeepa K, Santosh KSR. Antibakterielle Aktivität von Ethanolextrakt von *Musa paradisiaca* cv und *Musa acuminate cv* Asian J Pharm Clin Res. 2013; 6(2): 169-72.

121. Arunakumar S, Muthuselvam R. Analysis of phytochemical constituents and antimicrobial activities of *Aloevera L.* again st clinical pathogen. World J Agril Sec. 2009; 5(5): 572-6.

122. Ellman GL, Callaway E. Erythrozyten-Cholinesterase-Werte bei psychisch Kranken. Nature. 1961; 23: 1210-6.

123. Sacan O, Orak H, Yanardag R. Antioxident Aktivität des Wasserextrakts von *Eruka sativa.* Asian J Chem. 2008;20: 3462-74.

124. Madeswaran A, Lakshmi M. *In silico* molecular docking studies of phytoconstituents identified in *Curcumazedoaria rosc.* on acetylcholinesterase: an enzyme target for anti-Alzheimer. J Comput Biol. 2019; 8(3): 9-14.

125. Khan SA, Kumar S, Maqsood AM. Virtuelles Screening der molekularen Eigenschaften und der Bioaktivität von Boswelliasäurederivaten auf der Suche nach einem wirksamen entzündungshemmenden Leitmolekül. Int J Interdiscip Multidiscip Stud.

2013; 1: 812-19.

126. Lipinski CA, Lombardo F, Dominy BW, Feeney PJ. Experimentelle und rechnerische Ansätze zur Abschätzung der Löslichkeit und Permeabilität in der Arzneimittelforschung und -entwicklung. Adv Drug Deliv Rev. 1997; 23: 325-31.

127. Leeson P. Entdeckung von Arzneimitteln: Chemischer Schönheitswettbewerb. Nature. 2012; 481(7382): 455-6.

128. Shivalingappa P, Prakash RB, Vasim A, Pukar K. *In silico* docking analysis of active biomolecules from *Cissus quadrangularis L.* against PPAR-γ. Indian J Pharm Sci. 2019; 53(3): 332-40.

129. Ishnava KB, Motisariya DM. In-vitro-Studie über die alph-amylasehemmende Aktivität ausgewählter ethnobotanischer Pflanzenextrakte und ihrer pflanzlichen Formulierungen. Int J Pharmacogn Chine Med. 2018; 2(3): 136-42.

130. Madeswaran A, Nivetha R, Bhargav M, Lakshmi M. *In silico* evaluation of inhibitory potential of some commercially available flavonoids against beta-secretase in the management of Alzhiemer's disease. J Drug Des Discov. 2019; 6(2): 30-5.

131. Ogidigo J, Anosike C, Nwodo O, Omotuyi O, Oyekanmi N, Metibemu K *et al. In silico* molekulares Docking und pharmakokinetische Studien einiger ausgewählter Phyto-Bestandteile von *Bryophyllum pinnatum* als potenzieller selektiver Inhibitor der Monoaminoxidase-B (MAO-B). Pharmacologyonline. 2018; 3: 272-85.

132. Vishal SP, Prakash RB, Vasim A, Pukar K. *In silico* docking analysis of active biomolecules from *Cissus quadrangularis L.* against PPARG. J Pharm Educ Res. 2019; 53(3): 332-7.

133. Meenambiga SS, Rajagopal K. *In silico* studies on plant derived components of *Cissus quadrangularis* against COX-2 enzyme. Int J Pharm Pharm Sci. 2014; 6(8): 483-7.

134. Madeswaran A, Umamaheswari M, Asokkumar K, Sivashanmugam T, Subhadradevi V, Jagannath P. Computational discovery of potential aldose reductase inhibitors using *in silico* docking studies. Electron J Biol. 2012; 1:157-61.

135. Slanzi A, Iannoto G, Rossi B, Zenaro E, Constantin G. *In vitro* Modelle für neurodegenerative Erkrankungen. Front Cell Dev Biol. 2020; 8: 328-35.

136. Madeswaran A, Asokkumar K, Sonia G. Combining *in silico* and *in vitro* approaches to evaluate the acetylcholinesterase inhibitory profile of some commercially available flavonoids in the management of Alzheimer's disease. Int J Biol Macromol. 2017; 1:1-9.

Zeitfracht Medien GmbH
Ferdinand-Jühlke-Straße 7,
99095 - DE, Erfurt
produktsicherheit@zeitfracht.de

FSC
www.fsc.org
MIX
Papier | Fördert
gute Waldnutzung
FSC® C083411

Druck:
CPI Druckdienstleistungen GmbH
im Auftrag der
Zeitfracht Medien GmbH
Ein Unternehmen der Zeitfracht - Gruppe
Ferdinand-Jühlke-Str. 7
99095 Erfurt